길버트가 들려주는 자석 이야기

길버트가 들려주는 자석 이야기

초 판 1쇄 발행일 | 2005년 11월 23일
개정판 1쇄 발행일 | 2010년 9월 1일
개정판 13쇄 발행일 | 2021년 5월 31일

지은이 | 정완상
펴낸이 | 정은영
펴낸곳 | (주)자음과모음

출판등록 | 2001년 11월 28일 제2001-000259호
주 소 | 04047 서울시 마포구 양화로6길 49
전 화 | 편집부 (02)324-2347, 경영지원부 (02)325-6047
팩 스 | 편집부 (02)324-2348, 경영지원부 (02)2648-1311
e-mail | jamoteen@jamobook.com

ISBN 978-89-544-2069-3 (44400)

• 잘못된 책은 교환해드립니다.

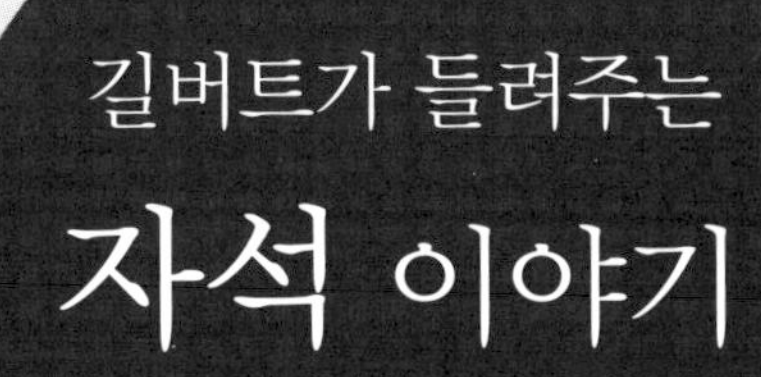

길버트가 들려주는

자석 이야기

| 정완상 지음 |

(주)자음과모음

길버트를 꿈꾸는 청소년을 위한 '자석' 이야기

길버트는 세계 최초로 지구가 하나의 커다란 자석이라는 것을 밝힌 영국의 과학자입니다. 물론 길버트 이전에도 중국 사람들에 의해 나침반이 이용되었지만, 왜 나침반이 항상 북쪽을 가리키는가에 대해서는 길버트가 처음 밝혀낸 것입니다.

자석은 모든 사람들에게 친숙합니다. 우리 주변에서 흔히 볼 수 있는 자석에 대해 길버트는 수업을 통해 친절하고 재미있게 설명하고 있습니다. 이 책을 통해 자석에 왜 쇠붙이가 붙는지, 자석은 어떻게 만드는지, 자석은 어떻게 보관하는지를 배울 수 있습니다.

이 책을 쓰는 내내 어떻게 하면 재미와 정보, 지식 모두를 전달해 줄지 많이 생각했습니다. 고민 끝에, 여러분 곁에서 이 분야의 위대한 과학자가 쉽고 재미있게 설명해 준다면 중도에 포기하지 않고 끝까지 읽을 수 있을 것이라는 생각이 들었습니다. 그래서 생각해 낸 것이 수업 형식입니다.

이 책에서는 길버트가 여러분 모두를 '길버트가 들려주는 자석 이야기' 수업에 초대할 것입니다. 여러분이 자리에 앉으면 그때부터 마치 여러분이 나침반을 들고 탐험을 하는 것처럼 생생한 이야기를 들을 수 있습니다.

이 책의 원고를 교정해 주고, 부록 동화에 대해 함께 토론하며 좋은 책이 될 수 있게 도와준 박미나 양에게 고맙다는 말을 전하고 싶습니다. 그리고 이 책이 나올 수 있도록 물심양면으로 도와준 (주)자음과 모음의 강병철 사장님과 직원 여러분에게도 감사를 드립니다.

정 완 상

차례

부록

첫 번째 수업 1

자석의 발견

자석은 우리 주위 어디에서 볼 수 있을까요?
자석은 누가 언제 발견했는지 알아봅시다.

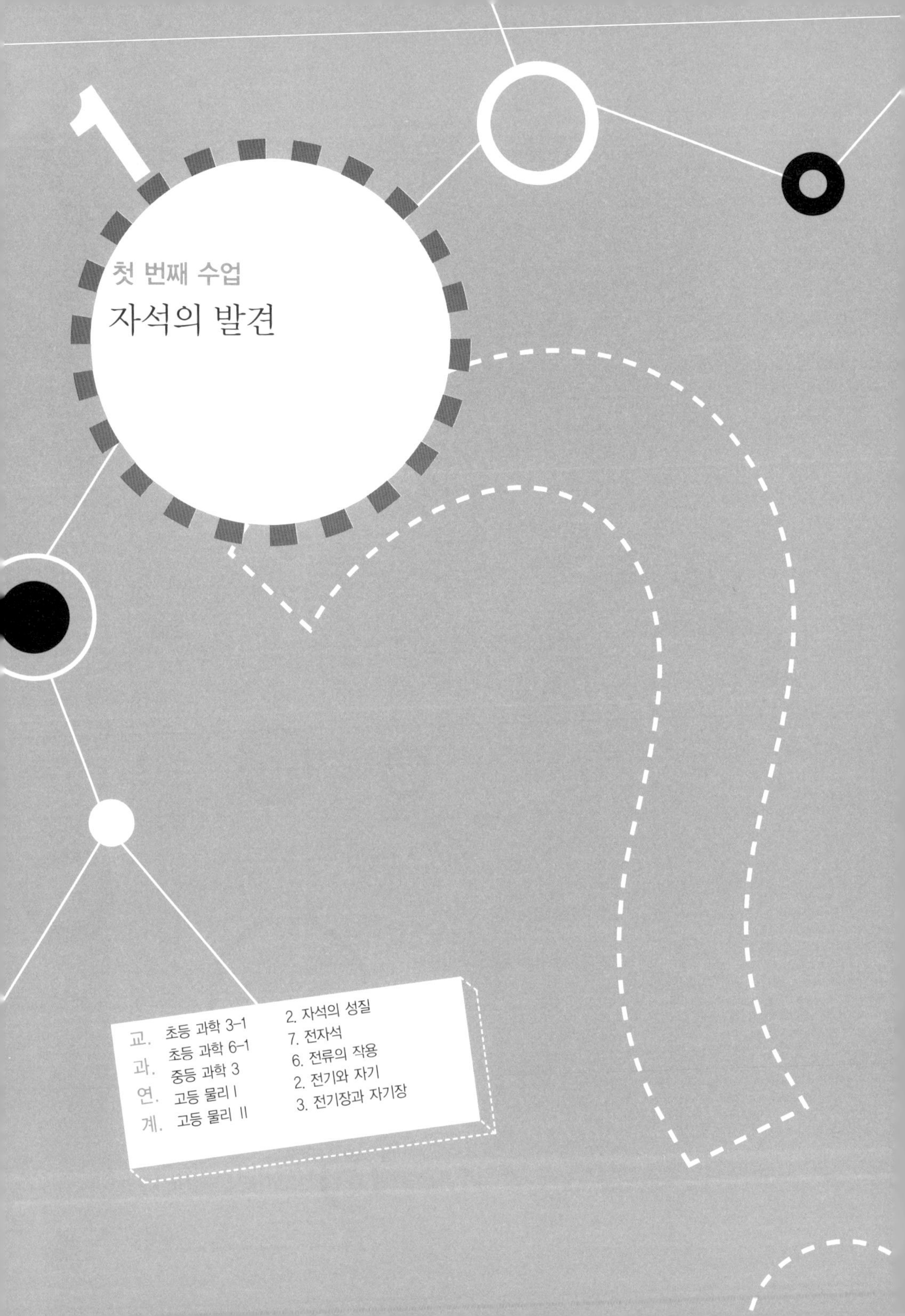

첫 번째 수업
자석의 발견

교.	초등 과학 3-1	2. 자석의 성질
과.	초등 과학 6-1	7. 전자석
연.	중등 과학 3	6. 전류의 작용
계.	고등 물리 I	2. 전기와 자기
	고등 물리 II	3. 전기장과 자기장

길버트가 활기찬 모습으로
첫 번째 수업을 시작했다.

오늘부터 나와 함께 자석에 대한 모든 것을 알아보도록 하죠. 어릴 때 자석 놀이를 많이 해 보았지요? 쇠붙이가 자석에 철커덕 달라붙는 모습을 보고 매우 신기해했을 거예요.

우리 주위에는 자석을 이용하는 물건들이 많습니다. 어떤 것들이 있나 찾아볼까요?

길버트는 학생들을 냉장고로 데리고 갔다. 냉장고에는 병따개가 달라붙어 있었다.

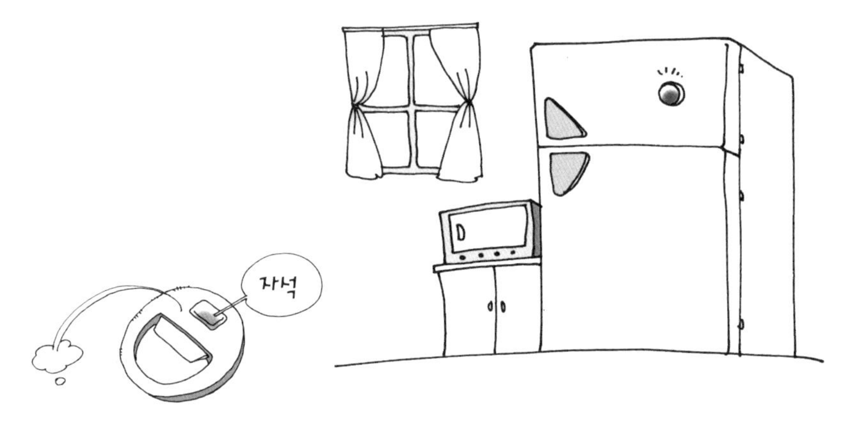

콜라나 사이다는 차갑게 보관해야 하니까 냉장고에 넣어 두지요. 콜라나 사이다를 먹으려고 할 때 병따개가 없으면 못 마시겠죠? 그래서 사람들은 아이디어를 냈답니다. 병따개를 냉장고에 항상 붙어 있게 하는 거죠.

그래서 병따개의 뒤에 자석을 붙여 냉장고에 붙여 놓기 시작했어요. 그러니까 이제 콜라나 사이다를 마실 때마다 병따

개를 찾을 필요가 없게 되었답니다.

냉장고는 쇠붙이로 되어 있어요. 그러니까 쇠붙이가 자석에 달라붙는 성질을 이용한 거지요. 그리고 쉽게 붙였다 떼었다 할 수 있으니까 편리해요. 자석은 이와 같은 용도로도 쓰인답니다.

길버트가 냉장고의 문을 열었다. 냉장고 문에도 자석이 붙어 있었다.

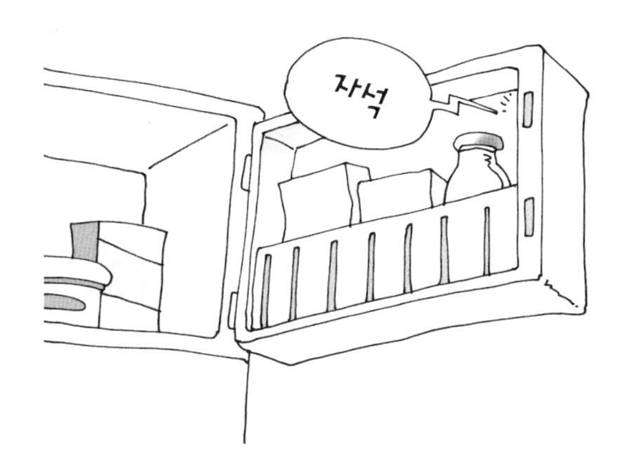

냉장고 문에도 자석이 붙어 있군요. 냉장고는 음식을 차갑게 보관하는 곳이에요. 그러니까 항상 닫혀 있어야 하지요. 그래서 냉장고 문이 가까이 오면 달라붙도록 자석을 사용한답니다.

이런 원리로 자석을 이용하는 경우는 또 있어요. 여러분의

필통 중에 자석을 이용한 것이 있을 거에요. 자석을 이용하면 필통의 뚜껑이 철커덕 잘 달라붙어서 편리하지요.

길버트는 나무로 된 바둑판을 가지고 왔다. 그리고 바둑알 몇 개를 판 위에 올려놓고는 바둑판을 뒤집었다. 그러자 바둑알이 바닥으로 떨어졌다.

바둑알이 모두 떨어졌군요. 뒤집어도 바둑알이 떨어지지 않는 바둑판은 없을까요?

길버트는 자석 바둑판에 바둑알을 붙인 후 뒤집었다. 이번에는 바둑알이 하나도 떨어지지 않았다.

자석을 이용하니까 바둑알이 떨어지지 않는군요. 바둑판을 쇠붙이로 만들고 바둑알을 자석으로 만들면 바둑판이 뒤집혀도 절대로 떨어지지 않지요. 쇠붙이가 자석에 달라붙기 때문이지요.

자석의 발견

자석은 영어로 마그넷(magnet)이라고 해요. 왜 마그넷이라고 부를까요? 이것에 대해서는 두 가지 이야기가 있어요.

하나는, 자석을 처음 발견한 양치기 소년의 이름이 마그네스라고 해서 자석을 마그넷이라고 불렀다는 이야기입니다. 양치기 소년이 쇠붙이로 된 지팡이를 들고 이 나라 저 나라를

돌아다니다가 지팡이를 끌어당기는 이상한 돌을 발견했다는 이야기입니다.

다른 하나는, 지금으로부터 약 2500년 전에 자석이 그리스의 마그네시아 지방에서 처음 발견되었기 때문에 그 이름과 비슷하게 붙여진 이름이라는 이야기입니다. 마그네시아와 마그넷, 비슷하지요?

그리스 사람들은 자석이 쇠붙이를 끌어당기는 신비한 능력을 지니고 있다고 생각했어요. 그래서 자석을 '끌어당기는 돌'이라고 불렀어요.

중국의 자석

세계에서 처음으로 자석의 성질을 가진 돌을 발견한 사람은 중국 사람들입니다. 그들은 이 돌이 쇠붙이를 끌어당기므로 '사랑의 돌'이라고 불렀습니다. 마치 부모가 아이들을 자신의 품으로 끌어당기는 것처럼 이 돌이 쇠붙이들을 끌어당겼기 때문이지요.

처음 중국 사람들은 자석을 마술하는 데 사용했습니다. 사람들은 쇠붙이가 자석에 저절로 끌려가 철커덕 달라붙는 모습을 보고 아주 신기하게 생각했지요.

또한 중국 사람들은 세계에서 처음으로 자석을 이용하여

나침반을 만들어 항해하는 데 이용했습니다. 이것은 유럽 사람들이 나침반을 발명하기 수백 년 전의 일입니다.

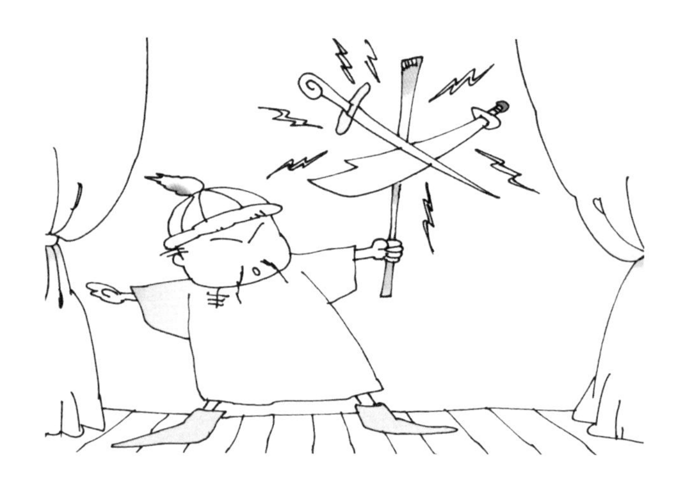

만화로 본문 읽기

어? 병따개가 어디 있지?
냉장고에 붙어 있잖아요. 병따개에 자석이 있어 냉장고에 붙일 수 있지요.

자석은 참 편리한 것 같아요.
그래요. 우리 주변에는 자석을 이용한 것이 참 많답니다.

맞아요. 자석 필통도 있고, 자석으로 된 바둑알도 있더라고요. 그런데 자석은 누가 발견했나요?
자석은 영어로 마그넷인데, 두 가지 이야기가 있어요.
뻑
콜라

하나는, 양치기 소년이 우연히 쇠로 된 지팡이가 돌에 끌리는 것을 발견했는데, 그 소년의 이름 '마그네스'에서 유래되었다는 것이지요.
마그네스와 마그넷, 비슷하네요.

다른 하나는, 약 2500년 전 그리스의 마그네시아 지역에서 쇠붙이를 끌어당기는 돌을 처음 발견했다는 데서 유래되었다는 이야기입니다.
그럼 이번에는 지역 이름에서 유래한 거군요.

하지만 세계에서 처음 자석을 발견한 사람은 중국인입니다. 처음 중국인들은 자석을 마술하는 데 사용했답니다.
당시에는 참 신기했겠어요.

두 번째 수업

자석에 붙는 것

어떤 사물이 자석에 달라붙을까요?
자석에 달라붙는 것과 달라붙지 않는 것에 대해 알아봅시다.

2

두 번째 수업

자석에 붙는 것

교과연계.

초등 과학 3-1	2. 자석의 성질
초등 과학 6-1	7. 전자석
고등 물리 I	2. 전기와 자기

길버트의 두 번째 수업은 자석에 붙는 것과 붙지 않는 것에 대한 내용이었다.

모든 사물이 자석에 달라붙을까요? 그렇지는 않습니다.

오늘은 자석에 붙는 물체와 붙지 않는 물체에 대해 알아봅시다.

길버트는 가위, 바늘, 누름못, 못을 바닥에 놓고 자석을 줄에 매달아 낚싯대처럼 만들어 건져 올렸다.

모두 자석에 달라붙는군요?

길버트는 알루미늄 깡통, 동전, 금반지, 유리컵을 학생들에게 가지고 오게 했다. 그리고 자석을 줄에 매달아 낚싯대처럼 만들어 건져 올리게 했다.

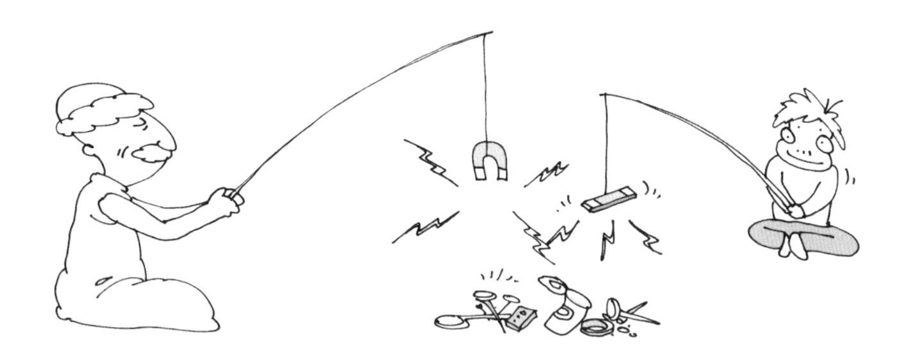

모두 자석에 달라붙지는 않는군요.

어떤 것들이 자석에 달라붙었나요? 실험 결과를 다음과 같이 정리할 수 있습니다.

자석에 붙는 것 : 바늘, 누름못, 가위, 못

자석에 붙지 않는 것 : 알루미늄 깡통, 동전, 금반지, 유리컵

자석에 붙은 것들의 공통점은 무엇일까요? 아하, 모두 쇠붙이로 만들어져 있군요.

쇠붙이(철)로 이루어진 물체는 자석에 달라붙는다.

철판, 병따개는 쇠붙이로 되어 있으니까 자석에 잘 붙지요? 하지만 알루미늄과 구리는 자석에 달라붙지 않습니다.

그래서 구리나 알루미늄으로 만든 동전은 자석에 달라붙지 않습니다.

그 외에도 자석에 달라붙지 않는 것은 많습니다. 플라스틱, 유리, 나무, 종이 등도 자석에 달라붙지 않지요.

돌멩이는 자석에 달라붙을까요? 대부분의 돌멩이는 자석에 달라붙지 않습니다. 하지만 돌멩이 중에 자석에 달라붙는

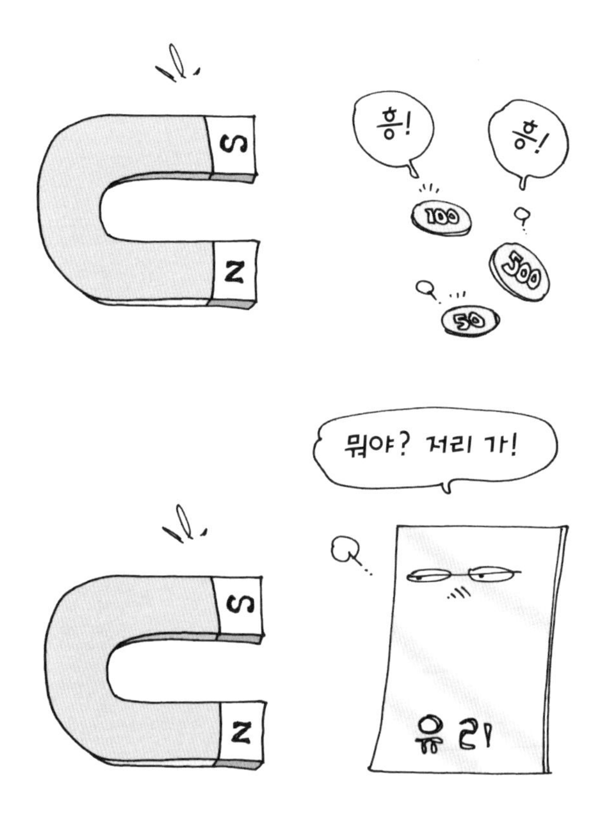

것도 있습니다. 강이나 바다 밑에 있는 '사철'이라고 하는 돌멩이는 자석에 달라붙거든요. 왜 사철은 자석에 달라붙을까요? 사철 속에는 철이 많이 들어 있기 때문입니다.

자석의 종류

우리 주위에는 여러 가지 모양의 자석이 있습니다. 어떤 종류의 자석이 있는지 알아봅시다.

길버트는 막대 모양의 자석을 보여 주었다.

이 자석은 막대자석이라고 합니다. 막대 모양으로 생겼기 때문이지요.

길버트는 둥글게 굽은 모양의 자석을 보여 주었다.

이 자석은 말굽처럼 생겼지요? 그래서 이 자석을 말굽자석이라고 합니다.

길버트는 동전 모양의 자석을 보여 주었다.

이 자석은 동전처럼 생겼지요? 이런 자석을 동전자석이라고 합니다. 동전자석은 책가방이나 핸드백 등에 쓰이지요.

자석은 모양에 따라 이름도 여러 가지입니다.

만화로 본문 읽기

이것은 달라붙네.
무엇을 하고 있나요?

아, 선생님! 지금 자석에 붙는 물건과 붙지 않고 물건을 찾아보고 있었어요.
아, 그래요. 어떻게 구분을 했나요?

바늘, 누름못, 못은 붙는데, 다른 것은 안 붙어요.
그래요. 자석에 붙는 것은 철로 만들어진 것들이랍니다.

그런데 같은 금속이라도 구리로 만든 동전은 자석에 달라붙지 않아요.
맞아요. 그 외에도 플라스틱, 유리, 나무, 종이도 자석에 달라붙지 않지요.

자석에는 어떤 종류가 있나요?
막대처럼 생긴 자석은 막대자석, 말굽처럼 생긴 자석은 말굽자석이라고 합니다.
막대자석
말굽자석

또, 동전 모양의 자석은 동전자석이라고 하는데, 책가방이나 핸드백에 쓰이지요.
자석의 모양에 따라 이름도 여러 가지군요.

세 번째 수업

자석과 쇠붙이 사이의 힘

자석에는 왜 쇠붙이가 달라붙을까요?
자석과 쇠붙이 사이의 힘에 대해 알아봅시다.

3

세 번째 수업

자석과 쇠붙이 사이의 힘

교. 과. 연. 계.

초등 과학 3-1	2. 자석의 성질
초등 과학 6-1	7. 전자석
고등 물리 I	2. 전기와 자기

길버트가 지난 수업 내용을 상기시키면서 세 번째 수업을 시작했다.

우리는 자석에 쇠붙이가 달라붙는다는 것을 배웠습니다. 왜 그럴까요?

길버트는 공을 바닥에 떨어뜨렸다.

공이 왜 바닥에 떨어졌을까요? 그것은 바로 공이 힘을 받았기 때문입니다. 무슨 힘이냐고요? 그것은 바로 지구가 공을 잡아당기는 힘입니다.

길버트는 쇠구슬을 자석 근처에 놓았다. 그러자 쇠구슬이 자석을 향해 굴러가더니 자석에 달라붙었다.

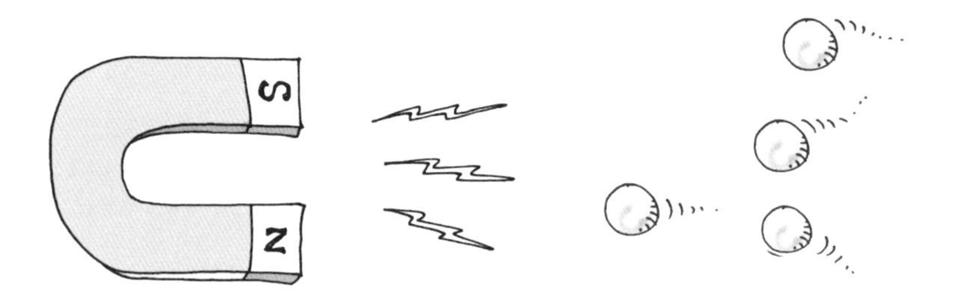

쇠구슬이 왜 자석에 달라붙었나요? 그것은 쇠구슬이 어떤 힘을 받았기 때문입니다. 이 힘은 바로 자석이 쇠구슬을 당기는 힘이지요.

자석이 쇠붙이를 당기는 힘은 거리와 어떤 관계가 있을까요? 실험을 해 봅시다.

길버트는 자석으로부터 아주 먼 곳에 클립을 놓았다. 클립은 꼼짝도 하지 않고 제자리에 있었다.

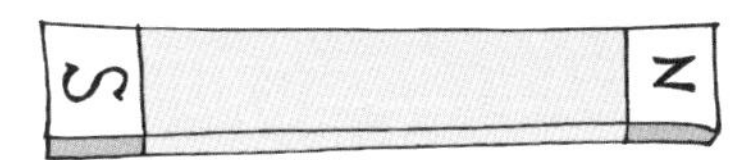

클립은 쇠붙이로 되어 있으므로 자석에 달라붙습니다. 그런데 왜 먼 곳에 있는 클립은 달라붙지 않을까요? 이것은 자석이 쇠붙이를 당기는 힘이 거리가 멀어질수록 약해지기 때문입니다.

물론 먼 곳에 있는 클립도 자석이 당기는 아주 작은 힘을 받습니다. 하지만 그 정도의 작은 힘으로는 바닥의 마찰을 이겨 낼 수 없어 움직이지 못하는 거죠.

길버트는 클립을 자석에 가까이 가져갔다. 클립이 자석에 달라붙었다.

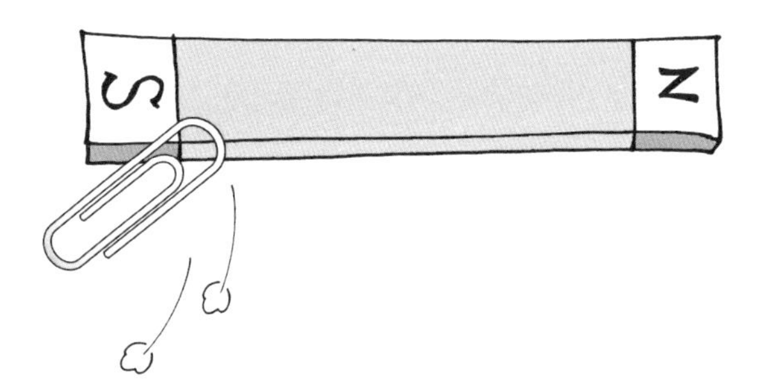

거리가 가까워지니까 자석이 클립을 당기는 힘이 커졌지요? 그래서 클립이 자석에 철커덕 달라붙은 것입니다.

이런 현상은 다음과 같이 정리할 수 있습니다.

자석과 쇠붙이 사이의 거리가 가까울수록 자석이 쇠붙이를 당기는 힘이 세다.

자석에 쇠붙이가 달라붙는 성질을 어떻게 이용할 수 있을까요?

철가루를 바닥에 쏟았다고 해 보죠. 이때 바닥에서 철가루만을 다시 모으려면 어떻게 해야 할까요? 그렇습니다. 자석을 이용하면 됩니다.

자석의 힘이 가장 센 곳

그러면 자석이 쇠붙이를 잡아당기는 힘이 특별히 센 곳이 있을까요?

길버트는 여러 개의 클립을 바닥에 뿌려 놓고 막대자석에 줄을 매달아 가까이 가져갔다.

막대자석의 클립이 어디에 많이 붙었나요?

__ 막대자석의 양 끝입니다.

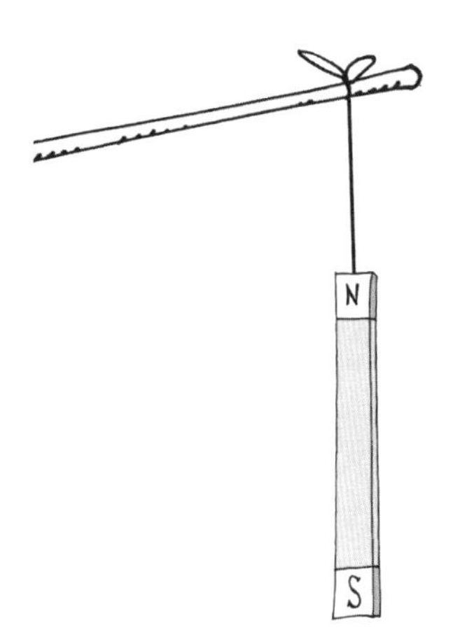

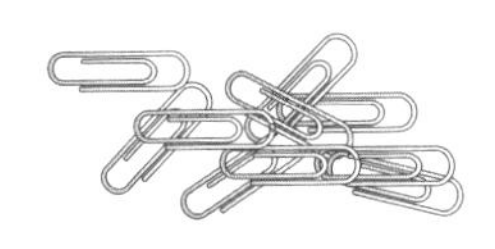

이렇게 막대자석의 양 끝에는 클립이 많이 달라붙습니다. 그러므로 이 부분이 힘이 가장 센 곳이지요. 이러한 부분을 자석의 극 또는 자극이라고 합니다.

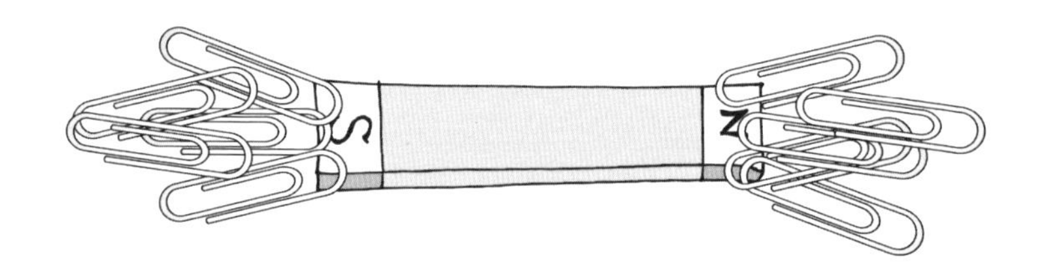

과학자의 비밀노트

자극(magnetic pole)

자석의 내부에서 자기력이 가장 강한 곳이다. 자석은 반드시 2개의 자극을 가지는데, 지구의 북쪽을 가리키는 자극이 N극으로 +극이며, 남쪽을 가리키는 자극은 S극으로 −극이다. 같은 자극끼리는 척력(서로 밀어내는 힘)이, 다른 자극끼리는 인력(서로 끌어당기는 힘)이 작용한다. 이 힘을 바탕으로 자극의 세기인 자기량을 정할 수 있다.

길버트는 막대자석에 철가루를 잔뜩 붙였다. 양쪽 끝에 철가루가 많이 붙어 있었다.

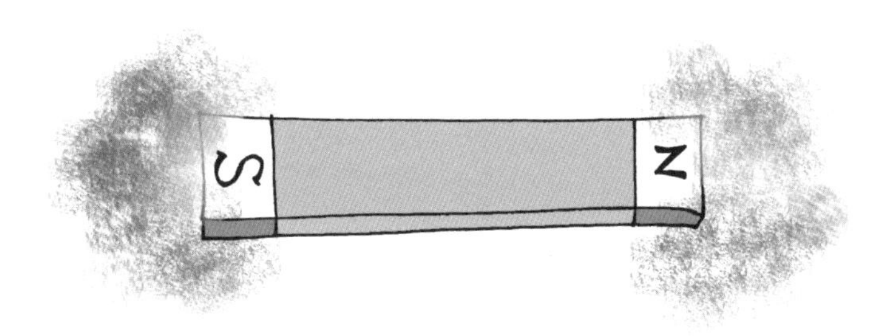

철가루가 자석의 힘이 강한 막대자석의 양쪽 끝에 많이 붙어 있군요.

그렇다면 반대로 이 철가루들을 자석으로부터 쉽게 떼어낼 수 있는 방법은 무엇일까요?

길버트는 철가루를 자석의 한가운데로 모았다. 그러자 철가루들이 저절로 떨어져 나갔다.

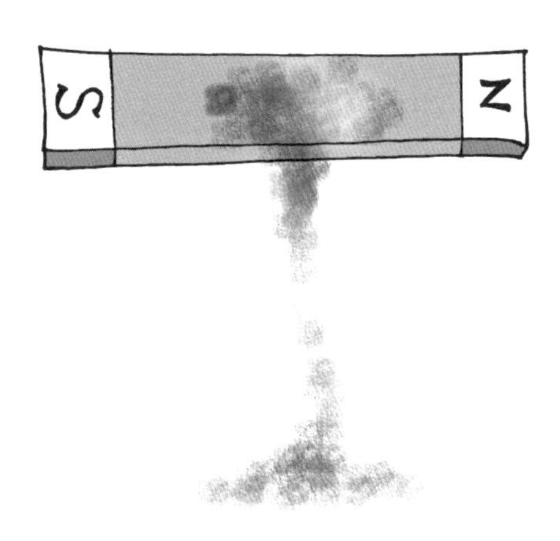

철가루가 쉽게 떨어졌지요? 막대자석의 가운데 부분은 힘이 가장 약한 곳이에요. 그래서 철가루가 쉽게 떨어진 것입니다.

자석의 둘레에 철가루가 늘어선 모양

자석이 있을 때 주위의 철가루들이 어떻게 늘어서는지에 대해 실험해 봅시다.

먼저 막대자석 위에 투명한 판을 놓고, 투명판을 흰 종이로

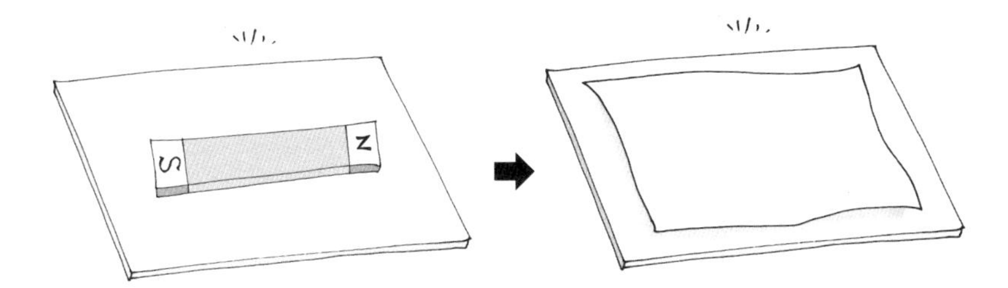

덮습니다.

종이 위에 철가루를 뿌리고 투명판을 손가락으로 톡톡 칩니다. 그러면 종이 위에 철가루가 늘어선 모양은 다음과 같습니다.

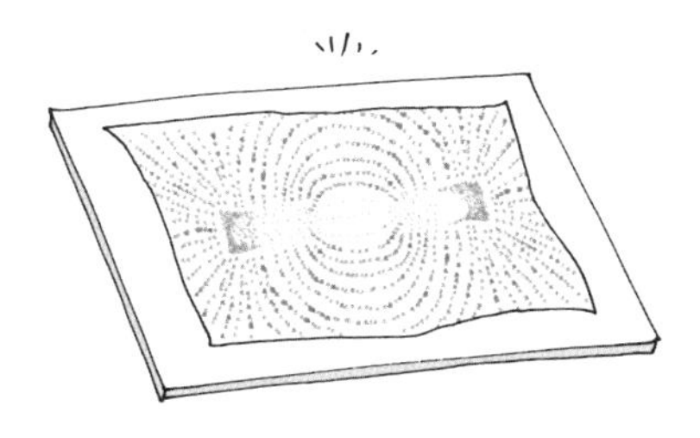

이것은 자석이 주위에 어떤 모습으로 힘을 작용하는가를 보여 줍니다.

이 실험을 통해 철가루가 자석의 N극과 S극 주변에 동그란 모양으로 늘어선다는 것을 알 수 있습니다. 또한 자석의 N극과 S극 주위에는 철가루가 많이 몰려 있지요? 이것은 자석의 극에는 철가루가 많이 달라붙기 때문입니다.

만화로 본문 읽기

왜 쇠구슬은 자석에 붙는가요?
탁

이렇게 공을 위로 던지면 다시 땅으로 떨어져요. 왜 그럴까요?
그거야 지구가 공을 잡아당기는 중력 때문이잖아요.

마찬가지로 쇠구슬도 어떤 힘을 받았기 때문인데, 이 힘은 자석이 쇠구슬을 당기는 힘이지요.
그럼 쇠구슬을 멀리 두었을 때는 자석에 붙지 않았는데, 그 이유는 무엇인가요?

이렇게 자석과 클립이 먼 곳에 있으면 달라붙지 않아요. 이것은 자석이 쇠붙이를 당기는 힘이 거리가 멀어질수록 약해지기 때문입니다.

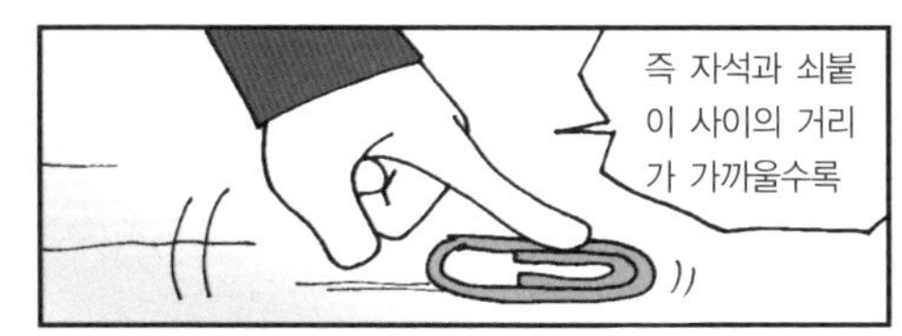

즉 자석과 쇠붙이 사이의 거리가 가까울수록

당기는 힘이 강해져서 잘 붙지요
아, 그렇군요.
찰싹

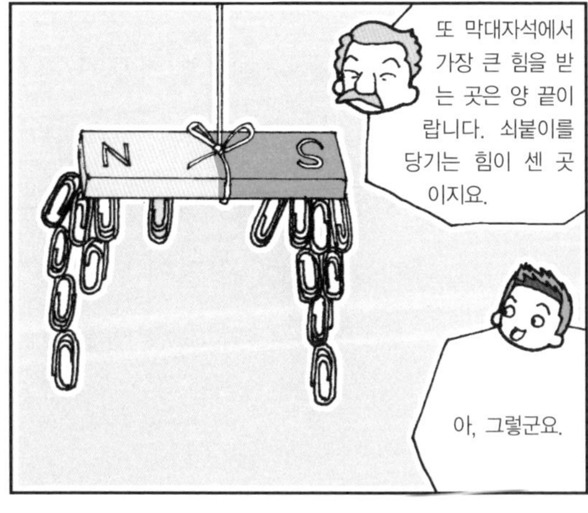

또 막대자석에서 가장 큰 힘을 받는 곳은 양 끝이랍니다. 쇠붙이를 당기는 힘이 센 곳이지요.
N
S
아, 그렇군요.

네 번째 수업 4

자석의 힘이 전달되는 물질

자석과 쇠붙이 사이에 종이를 끼우면 어떻게 될까요?
자석의 힘이 전달되는 물질에 대해 알아봅시다.

4

네 번째 수업

자석의 힘이 전달되는 물질

교.과.연.계.

초등 과학 3-1	2. 자석의 성질
초등 과학 6-1	7. 전자석
고등 물리 I	2. 전기와 자기

길버트가 냉장고 앞에서 네 번째 수업을 시작했다.

자석의 힘이 다른 물질을 통해서도 전달될까요?

오늘은 자석과 쇠붙이 사이에 다른 물질이 들어가는 경우를 살펴보겠습니다.

길버트는 냉장고에 얇은 종이를 대고, 그 위에 동전자석을 놓았다. 얇은 종이는 냉장고에서 떨어지지 않았다.

종이가 떨어지지 않았지요?

냉장고는 쇠붙이로 되어 있습니다. 그러므로 자석이 쇠붙

이를 끌어당기는 힘이 얇은 종이가 있어도 작용한다는 것을 알 수 있습니다.

이것을 이용하여 우리는 냉장고나 쇠로 만든 칠판에 자석을 이용해 메모지를 붙여 놓을 수 있습니다. 이것은 메모지를 쉽게 떼었다 붙였다 할 수 있는 편리한 점이 있습니다.

길버트는 쇠로 만든 칠판에 여러 장의 종이를 대고, 그 위에 동전자석을 놓았다. 종이와 자석이 냉장고에서 떨어졌다.

이번에는 왜 종이가 쇠로 만든 칠판에 붙어 있지 않을까요? 그것은 종이가 여러 장이 겹쳐 두꺼워졌기 때문입니다. 자석과 쇠붙이 사이에 두꺼운 종이가 있으면 자석이 쇠붙이를 당기는 힘이 약해진다는 것을 알 수 있습니다.

왜 두꺼운 종이를 통해서는 자석의 힘이 전달되지 않을까요? 그것은 자석의 힘이 자석과 쇠붙이 사이의 거리가 멀어지면 약해지기 때문입니다.

자석이 쇠붙이를 끌어당기는 힘은 자석에 따라 다릅니다. 이것을 쉽게 확인할 수 있는 방법이 있습니다. 그것은 여러 장의 복사 용지 아래에 클립을 놓고 자석으로 클립을 움직여

보는 것입니다. 이때 클립이 자석의 힘에 이끌려 움직이지 않을 때까지 종이를 끼웠을 때, 그 종이의 수가 많을수록 강한 자석이라는 것을 알 수 있지요.

재미있는 자석 놀이

자석의 힘이 다른 물질을 통해서도 전해지는 것을 이용하면 재미있는 놀이를 할 수 있습니다.

제일 간단한 경우를 보죠. 플라스틱 책받침 위에 못을 놓고, 책받침 밑에 자석을 가지고 가면 자석이 움직이는 대로 못이 움직일 거예요.

이것은 자석의 힘이 플라스틱 책받침을 통해서도 전달되기 때문입니다.

길버트는 종이에 핀을 꽂은 배를 수조의 물 위에 띄워 놓았다. 그리고 수조 아래에 있는 자석을 움직이자 자석이 움직이는 방향으로 종이배가 움직였다.

자석의 힘이 물을 통해서도 전달되는군요.

자석과의 사이에 물체를 끼우는 실험

자석과 쇠붙이 사이에 물체를 끼우면 어떻게 될까요? 다음 실험을 해 봅시다.

길버트는 자석을 줄에 매달았다. 그리고 자석을 가까이 하자 클립이 자석에 달라붙었다.

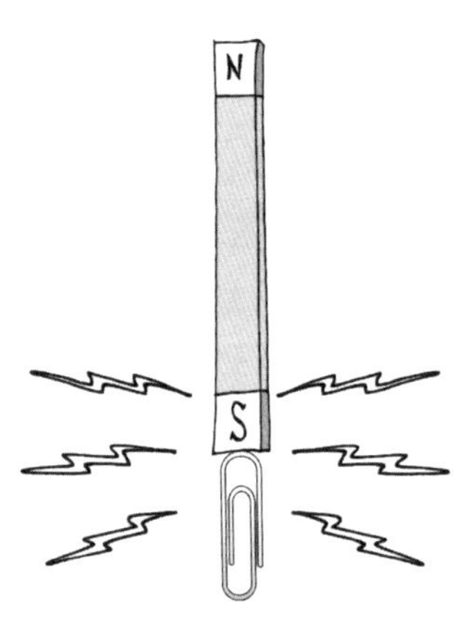

길버트는 자석과 클립 사이에 얇은 종이를 넣었다. 여전히 클립이 자석에 달라붙었다.

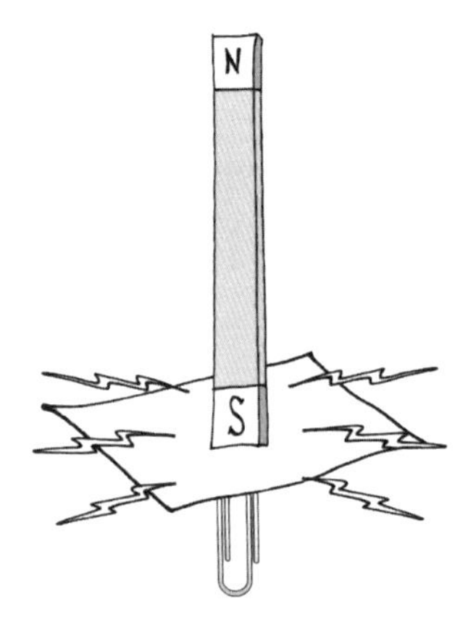

길버트는 자석과 클립 사이에 알루미늄 판을 넣었다. 여전히 클립이 자석에 달라붙었다.

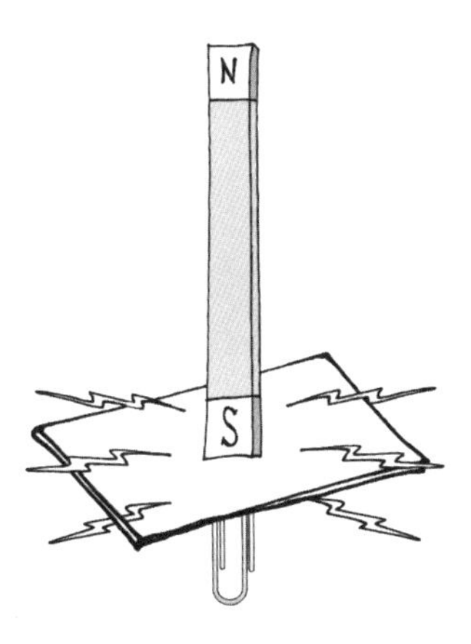

길버트는 자석과 클립 사이에 철판을 넣었다. 클립은 자석의 힘을 받지 않고 똑바로 매달려 있었다.

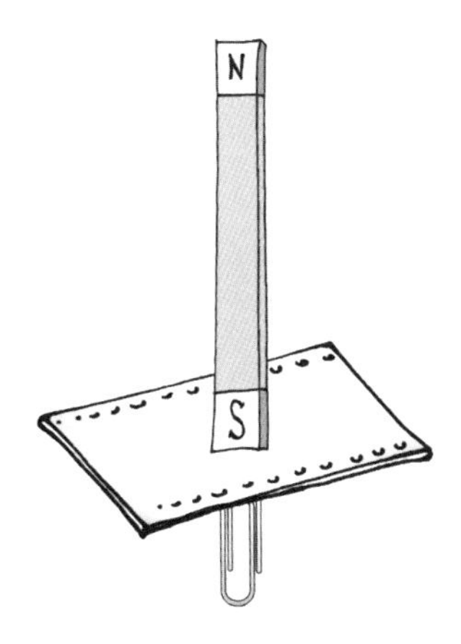

종이를 자석과 클립 사이에 넣어도 자석의 힘은 전달됩니다. 또한 자석과 클립 사이에 알루미늄 판을 넣어도 여전히 클립은 자석에 달라붙어 있습니다.

하지만 클립과 자석 사이에 쇠붙이를 넣으면 클립은 자석의 힘을 받지 못합니다. 이렇게 자석과 쇠붙이 사이에 다른 쇠붙이를 넣으면 자석의 힘이 전달되지 않습니다.

과학자의 비밀노트

자석 장난감 만들기

자석 물방개 – 물방개 모양을 만들어 다리 부분에 시침핀을 붙인 다음, 물이 담긴 페트리 접시에 띄우고 접시 아래에서 자석으로 움직인다.

동물 경주 – 종이로 만든 판에 동전자석을 붙인 동물 모형을 올려놓고, 아래에서 자석으로 움직인다.

만화로 본문 읽기

자, 이제 마술을 보여 드리겠습니다.
와아
짝 짝 짝

어? 종이 인형이 움직이잖아.
이얍
꿈틀 꿈틀

어떻게 한 거야?
선생님은 어떻게 한 것인지 아시죠?
자석의 힘을 이용했군요.

종이 인형에 작은 핀을 꽂고 상자 안쪽에서 자석을 움직인 거예요. 그래서 인형이 움직이게 된 거죠.
자석의 힘이 종이를 통과한 것인가요?

종이 외에도 플라스틱이나 물, 알루미늄 판에서도 자석의 힘이 전달되지요. 하지만 쇠붙이는 자석의 힘이 전달되지 않습니다.
신기해요.

하지만 종이가 두꺼워지면 자석의 힘이 전달되지 않아서 인형이 움직이지 않게 되지요.
따라서 종이의 두께를 얇게 해야 인형을 움직일 수 있어요.

다섯 번째 수업

5

자석과 자석의 힘

자석에는 2개의 극이 있다고 합니다.
자석과 자석 사이의 힘에 대해 알아봅시다.

5

다섯 번째 수업

자석과 자석의 힘

교과 연계.

초등 과학 3-1	2. 자석의 성질
초등 과학 6-1	7. 전자석
고등 물리 I	2. 전기와 자기
고등 물리 II	3. 전기장과 자기장

길버트가 자석 사이의 힘에 대하여 다섯 번째 수업을 시작했다.

우리는 자석이 쇠붙이를 끌어당기는 힘이 있다고 배웠습니다. 그렇다면 자석과 자석은 서로 달라붙을까요?

오늘은 이 문제에 대해 알아보겠습니다.

길버트는 막대자석 하나를 학생들에게 보여 주었다.

파랗게 칠한 부분과 빨갛게 칠한 부분이 있지요? 이것은 자석의 서로 다른 2개의 극을 나타냅니다. 이 2개의 극은 N극과 S극이라고 부르는데, N극은 빨간색을 칠하고 S극은 파

란색을 칠해서 두 극을 구별하지요.

N극은 북쪽을 뜻하는 영어 'North'의 첫 글자이고, S극은 남쪽을 뜻하는 영어 'South'의 첫 글자입니다.

이제 자석과 자석 사이의 힘에 대해서 알아봅시다.

길버트는 2개의 수레에 각각 막대자석을 매달았다. 그리고 N극끼리 가져다 대자 두 수레는 서로 밀어내며 반대 방향으로 움직였다.

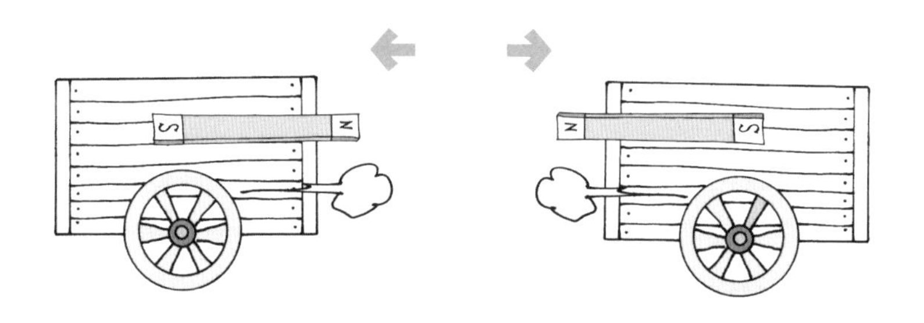

N극과 N극끼리는 서로를 밀어내는군요.

다음 실험을 봅시다.

길버트는 수레의 S극끼리 가져다 대었다. 그러자 두 수레는 서로 밀어내며 반대 방향으로 움직였다.

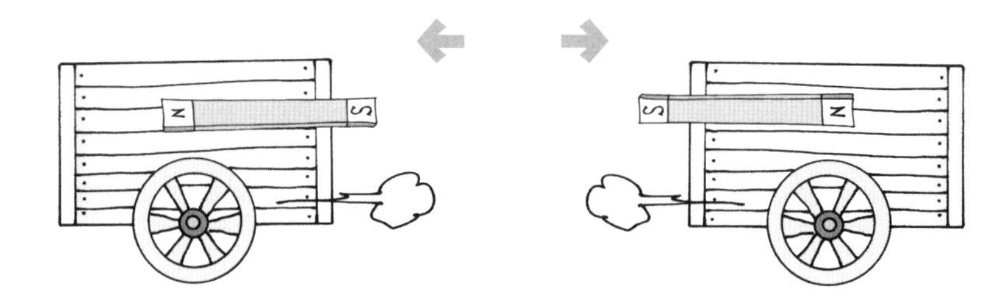

S극과 S극끼리도 서로를 밀어내는군요. 그러므로 우리는 다음과 같은 결론을 얻을 수 있습니다.

자석의 같은 극끼리는 서로 밀어낸다.

그러면 서로 다른 두 극을 가까이 대면 어떻게 될까요?

길버트는 2개의 수레에 있는 막대자석을 N극과 S극이 마주 보게 했다. 그러자 두 수레는 서로를 향해 굴러가 철커덕 달라붙었다.

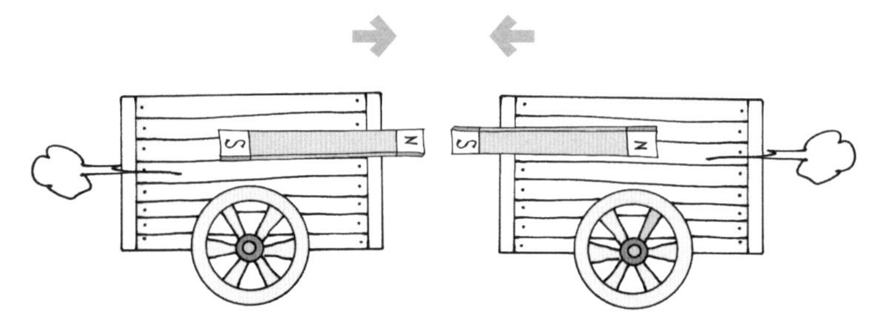

N극과 S극이 달라붙는군요. 그러므로 우리는 다음과 같은 결론을 얻을 수 있습니다.

자석의 다른 극끼리는 서로 끌어당긴다.

자석 로켓

자석과 자석 사이의 힘을 이용하여 자석 놀이를 해 봅시다.

우리는 자석의 서로 다른 극끼리 밀어낸다고 배웠습니다. 이것을 이용하면 자석 로켓을 만들 수 있습니다.

이제 자석 로켓을 만드는 방법에 대해 알아보죠.

가운데가 비어 있는 긴 나무 막대를 준비합니다. 그리고 나

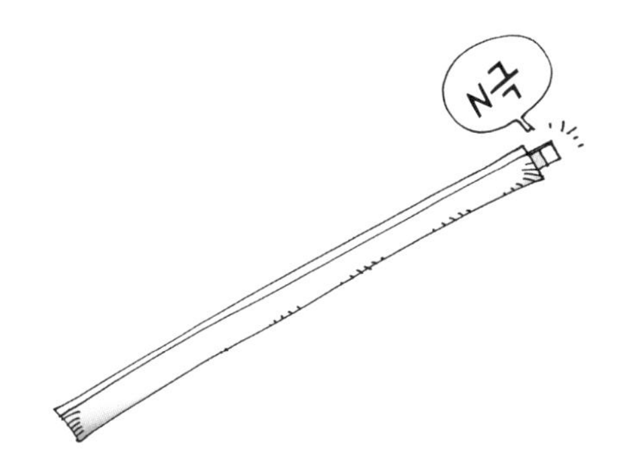

무 막대에 자석을 끼웁니다. 이때 N극이 위로 오도록 끼우고, 자석은 힘이 아주 강한 것을 사용합니다.

그리고 로켓이 될 자석을 이미 끼워져 있는 자석과 만나는 면이 N극이 되도록 있는 힘껏 눌러 끼웁니다. 그리고 손을 놓으면 이 자석은 로켓처럼 위로 튀어오릅니다.

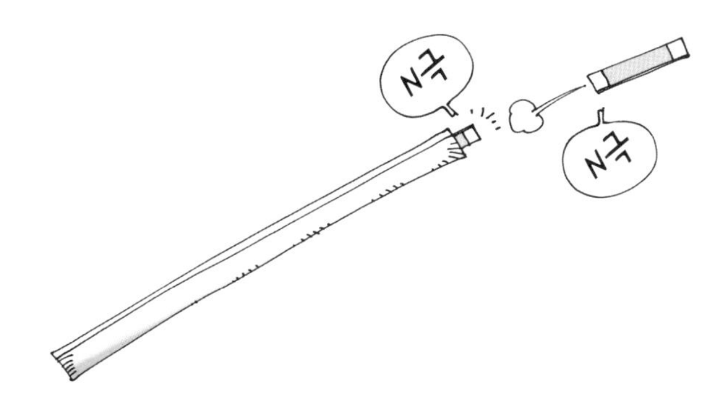

이것은 두 자석이 같은 극끼리 만나므로 서로 밀어내는 힘이 작용하기 때문입니다.

자석 자동차

자석을 사용하여 달리는 수레를 만들 수 있을까요?

다음과 같이 만들면 됩니다.

우선 수레의 앞에는 S극이 보이도록 동전자석을 붙이고, 뒤에는 N극이 보이도록 동전자석을 붙입니다.

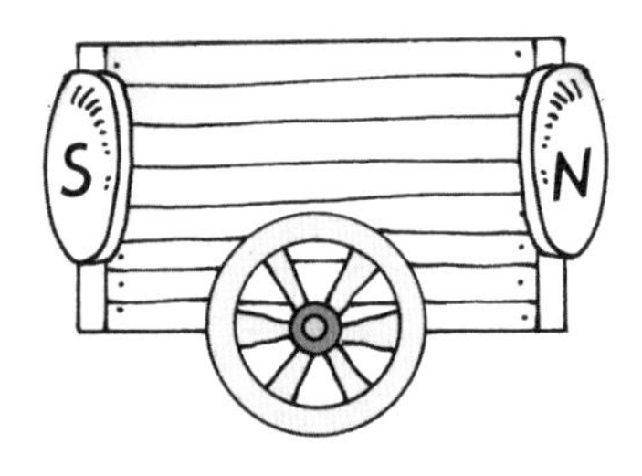

한 사람은 수레의 뒤에 자석의 N극을 가져다 대고, 다른 사람은 수레의 앞에 자석의 N극을 가져다 댑니다. 그러면 앞부분은 서로 다른 극이 되어 끌려가고, 뒷부분은 서로 같은 극이 되어 밀어내기 때문에 수레가 빠르게 움직일 것입니다.

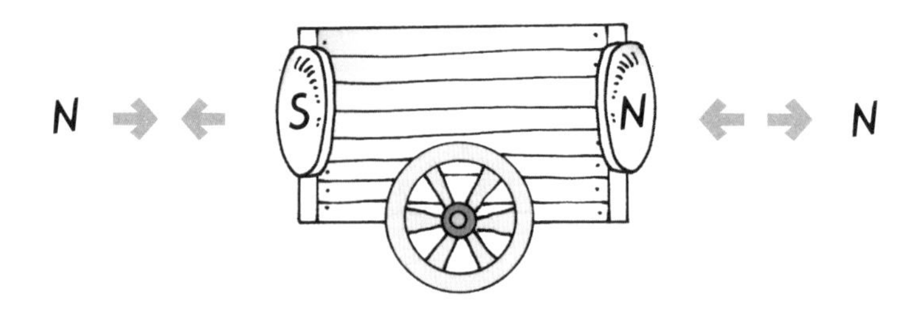

자기 부상 열차

기차는 레일 위를 달립니다. 하지만 어떤 기차는 공중에 떠서 달리기도 합니다. 이것은 자석의 같은 극끼리 서로 밀어내는 힘에 의해 공중에 떠 있는 것입니다. 이런 원리를 이용하여 기차를 공중에 띄워 달리게 한 것을 자기 부상 열차라고 합니다.

자기 부상 열차는 자석과 자석 사이의 밀어내는 힘에 의해 레일에서 일정한 높이로 떠서 달리는 열차입니다. 보통 기차는 열차 바퀴가 레일 위를 구르기 때문에 마찰이 커서 큰 소리가 나지만, 자기 부상 열차는 레일 위에 떠서 달리기 때문에 소음이 작다는 장점이 있습니다.

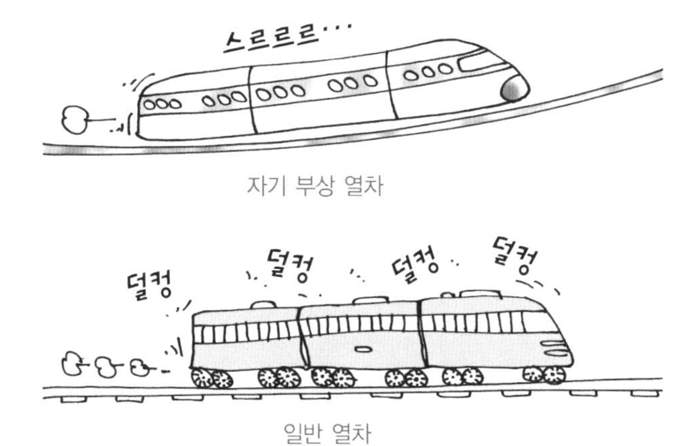

자기 부상 열차

일반 열차

만화로 본문 읽기

선생님, 왜 막대자석은 두 가지 색으로 칠해져 있나요?

자석의 두 극을 N극과 S극이라고 부르는데 N극은 빨간색을, S극은 파란색을 칠해서 두 극을 구별하지요.
그런데 N극과 S극은 무슨 뜻인가요?
N
S

N극은 북쪽을 뜻하는 영어 'North'의 첫 글자이고, S극은 남쪽을 뜻하는 영어 'South'의 첫 글자입니다.
아, 그렇군요.
N
S

어?
자석은 이렇게 같은 극끼리는 밀어내는 성질이 있답니다.
슥 슥

물론 다른 극끼리는 끌어당기는 성질을 가지고 있지요.
와, 신기해요.
찰싹

이런 현상을 이용한 것이 우리 주변에 매우 많아요. 대표적인 것이 자기 부상 열차라고 할 수 있지요.
저도 알아요. 열차가 레일 위로 떠서 달리는 기차 말씀이시죠?
스르르륵
자기 부상 열차

여섯 번째 수업

6

새끼 자석 이야기

자석을 쪼개면 어떻게 될까요?
자석 속에 들어 있는 수많은 새끼 자석에 대해 알아봅시다.

6

여섯 번째 수업

새끼 자석 이야기

교과 연계		
교.	초등 과학 3-1	2. 자석의 성질
과.	초등 과학 6-1	7. 전자석
연.	중등 과학 3	6. 전류의 작용
계.	고등 물리 I	2. 전기와 자기
	고등 물리 II	3. 전기장과 자기장

길버트가 막대자석을 들어 보이며 여섯 번째 수업을 시작했다.

자석에는 N극과 S극, 이렇게 두 극이 있습니다. 그러면 막대자석을 부러뜨리면 N극과 S극은 어떻게 될까요?

오늘은 이 문제에 대해 알아보겠습니다.

길버트는 막대자석을 쪼개어 빨간 부분과 파란 부분의 2조각으로 나누었다.

자석이 2조각이 됐군요. 이제 빨간 부분은 N극만 있는 자석이고, 파란 부분은 S극만 있는 자석일까요?

길버트는 빨간 자석의 잘라진 부분에 다른 자석의 N극을 가까이 가져다 대었다. 순간 빨간 자석의 잘라진 부분이 다른 자석의 N극에 달라붙었다.

어라? 잘라진 부분이 모두 N극은 아니군요. 만일 모두 N극이라면 내가 자석의 N극을 가까이 했을 때 밀어내야 하는데, 잘라진 부분이 N극에 달라붙었잖아요. 그러므로 잘라진 부분은 S극입니다.

자석은 N극과 S극으로 나뉘어도 다시 N극과 S극이 생긴다.

이런 식으로 자석을 잘게 쪼개면 계속 자석이 만들어집니다. 과학자들은 자석 속에 있는 아주 작은 새끼 자석들이 있다고 생각합니다.

쇠붙이가 자석에 달라붙는 이유

쇠붙이는 왜 자석에 달라붙을까요? 모든 쇠붙이 속에는 작은 새끼 자석들이 있답니다. 그런데 보통 때는 쇠붙이 속의 새끼 자석들이 제각각 서로 다른 방향을 가리키고 있어서 자

석이 되지 못하는 거죠.

길버트는 몇 명의 학생에게 화살표가 달린 모자를 씌우고 자기가 원하는 방향으로 서 있게 했다. 화살표가 제각각의 방향을 가리켰다.

여러분들이 쓰고 있는 화살표를 새끼 자석이라고 해 보죠. 화살의 머리를 N극, 꼬리를 S극이라고 해 봅시다. 화살표가 제각각 다른 방향을 가리키죠? 이것이 자석이 주위에 없을 때 쇠붙이 속의 새끼 자석들의 모습입니다. 이렇게 새끼 자석들이 제각각 방향을 가리키면 전체적으로는 자석의 성질이 생기기 않습니다.

이제 쇠붙이가 자석이 되는 경우를 살펴보죠.

길버트는 커다란 화살표가 달린 모자를 쓰고 나와 학생들에게 자신과 같은 방향으로 화살표가 향하도록 서 있게 했다. 모두 길버트의 화살표의 방향과 같은 방향을 가리켰다.

학생들의 화살표 방향이 모두 같지요? 나를 자석으로 생각하고 여러분들을 쇠붙이 속의 새끼 자석으로 생각해 보세요. 내가 여러분에게 가까이 와서 나와 같은 방향으로 화살표가 가리키도록 하라고 했지요? 이것은 마치 쇠붙이 근처에 놓인 자석이 쇠붙이 속의 새끼 자석들에게 같은 방향을 가리키라고 시키는 것과 같습니다.

이렇게 되면 자석의 N극 근처에는 쇠붙이의 S극이 만들어지고, 그 반대쪽에는 N극이 만들어지지요. 그래서 쇠붙이가

자석에 달라붙는 것입니다.

자석에 달라붙지 않는 물질은 새끼 자석들이 없습니다. 그러므로 주위에 자석이 와도 달라붙지 않습니다.

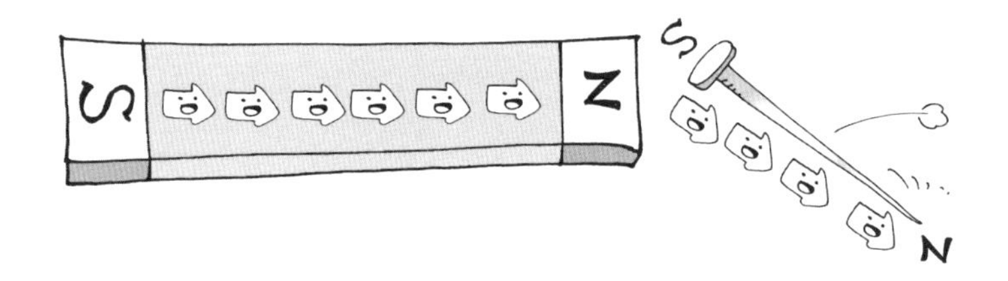

클립에 생긴 극

실에 매단 클립에 자석을 붙였다가 뗀 후, 반대의 극을 가져가면 클립은 어떻게 될까요? 실험해 봅시다.

길버트는 클립을 실에 매달고 클립에 자석을 붙였다가 반대의 극을 가져갔다. 클립은 자석에서 멀어졌다.

클립이 자석에서 멀어졌군요. 왜 그럴까요?

처음에 클립을 자석에 붙이면 클립도 자석이 됩니다. 이때 자석의 N극에 클립이 붙으면 자석에 붙은 부분은 S극이 됩니

다. 이때 클립을 떼어 S극을 가져다 대면 서로 같은 극끼리 밀어내기 때문에 클립이 멀어지는 것입니다.

만화로 본문 읽기

자석을 왜 자르고 있나요?
N

이렇게 잘라서 N극만 있는 자석과 S극만 있는 자석으로 만들 거예요.
N
S

어? N극끼리 붙잖아!
자석은 N극과 S극으로 잘라도, 다시 N극과 S극이 계속 생깁니다.
철썩
N
N
S

그럼 쇠붙이가 자석에 달라붙는 이유는 뭔가요?
모든 쇠붙이 속에는 작은 새끼 자석들이 있는데, 보통 때는 제각각 서로 다른 방향을 가리키고 있어서 자석이 되지 못하는 거죠.

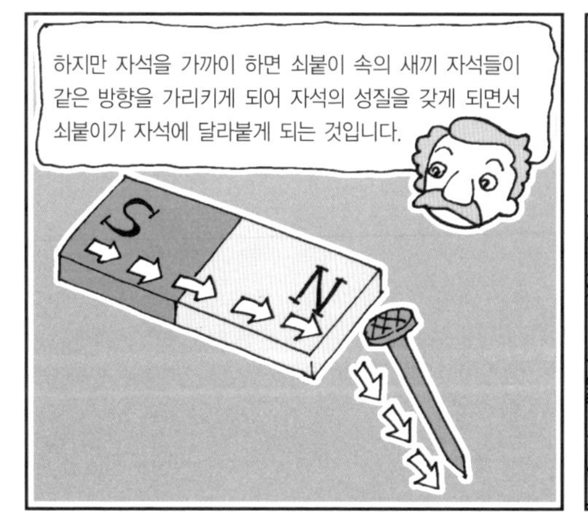
하지만 자석을 가까이 하면 쇠붙이 속의 새끼 자석들이 같은 방향을 가리키게 되어 자석의 성질을 갖게 되면서 쇠붙이가 자석에 달라붙게 되는 것입니다.
S
N

그럼 자석에 달라붙지 않는 물질은 새끼 자석이 없겠네요?
맞아요.
잘 이해했군요.

일곱 번째 수업

7

자석 만들기와 보관하기

자석을 만드는 방법에 대해 알아봅시다.
자석을 오래 보관하는 좋은 방법을 찾아봅시다.

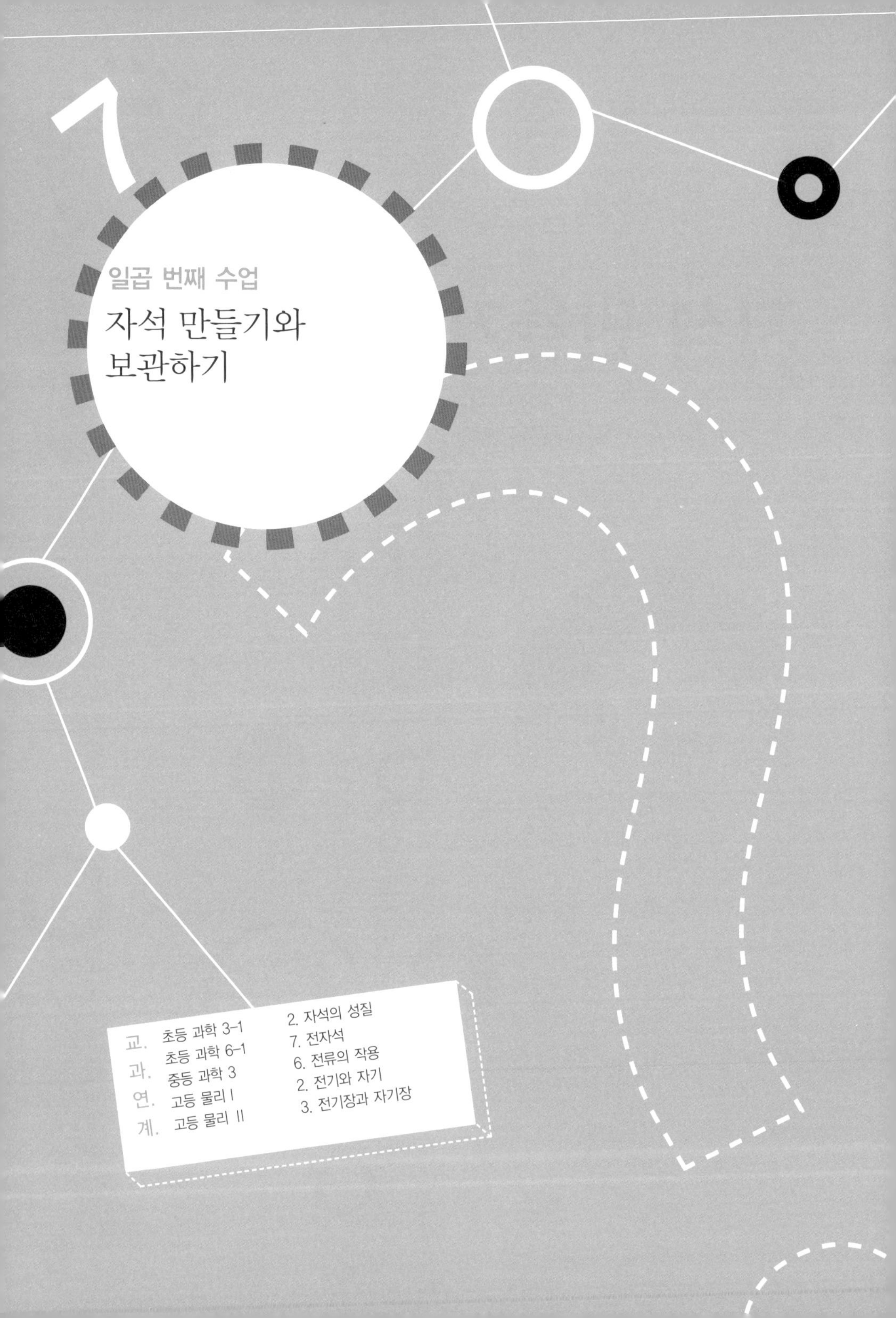
7
일곱 번째 수업
자석 만들기와
보관하기
교. 과. 연. 계.
초등 과학 3-1 2. 자석의 성질
초등 과학 6-1 7. 전자석
중등 과학 3 6. 전류의 작용
고등 물리 I 2. 전기와 자기
고등 물리 II 3. 전기장과 자기장

길버트가
자석 만드는 방법을 알려 주며
일곱 번째 수업을 시작했다.

자석의 재료는 쇠붙이입니다. 그리고 앞에서 얘기한 것처럼 쇠붙이 속에는 새끼 자석들이 있으므로 주위에 자석이 있으면 새끼 자석들이 같은 방향으로 늘어서서 자석이 될 수 있습니다.

그럼 이제 쇠붙이를 자석으로 만드는 방법에 대해 알아보겠습니다.

먼저 자석으로 쇠못을 문지릅니다. 이때 같은 방향으로 쇠못을 여러 번 문질러야 합니다.

그러면 쇠못 속의 새끼 자석들이 같은 방향을 가리키면서 자석이 되지요.

그런 다음 쇠못을 강한 자석에 붙여 둡니다. 그러면 쇠못에 생긴 자성이 오랫동안 유지되지요.

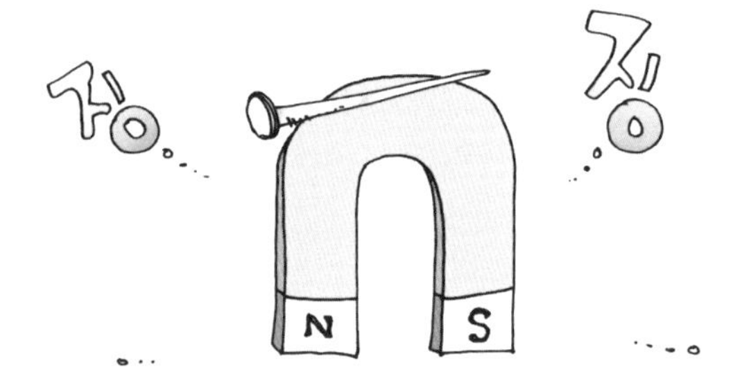

자석에 쇠못이 여러 개 매달려 있다고 해 보죠. 이때 자석에 붙어 있는 쇠못들은 모두 자석이 되었습니다.

처음에 달라붙은 쇠못이 자석이 되어 두 번째 쇠못이 달라붙지요. 이렇게 달라붙은 두 번째 쇠못 역시 자석이 되어 세 번째 쇠못을 달라붙게 합니다.

이런 식으로 쇠못이 자석으로 변해 줄줄이 매달려 있을 수 있는 것이죠. 물론 뒤에 매달린 쇠못일수록 자석의 성질이 약합니다.

그러므로 어느 정도 쇠못을 붙이고 나면 더 이상은 쇠못이 붙지 않게 됩니다.

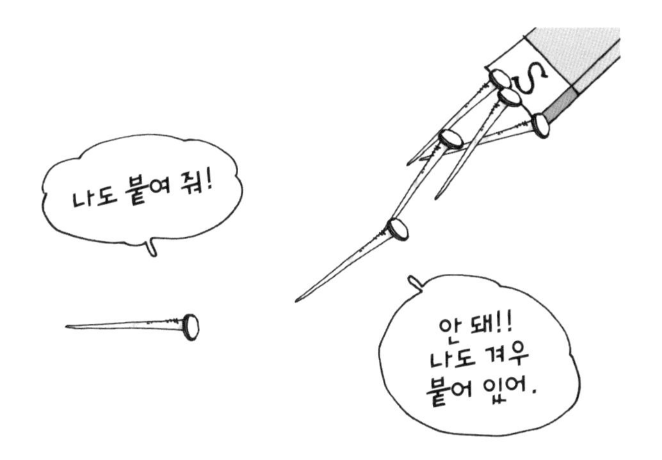

자석 옆에 녹음테이프를 두면 안 되는 이유

녹음테이프는 자석을 이용하여 소리를 저장하는 장치입니다. 즉, 테이프 속에 들어 있는 작은 새끼 자석들의 방향을 바꾸어 녹음을 하지요.

이렇게 녹음된 테이프 주위에 강한 자석을 놓아두면 테이프 속의 새끼 자석들이 모두 같은 방향을 가리키게 됩니다. 그러므로 녹음된 소리가 모두 지워지게 됩니다. 그러므로 녹음테이프나 비디오테이프 옆에는 자석을 놓지 않는 것이 좋습니다.

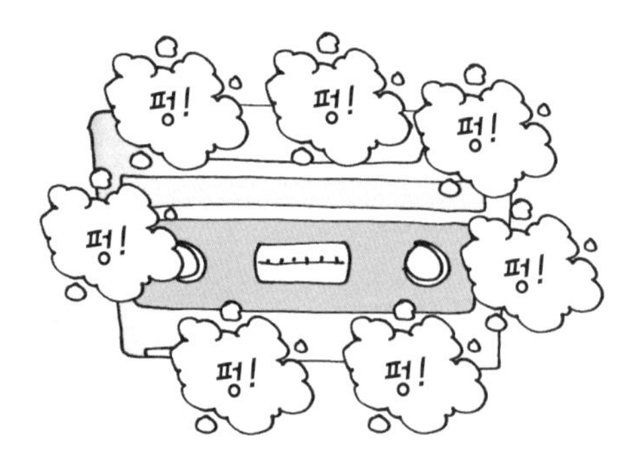

통장이나 신용 카드에 붙어 있는 검은 테이프도 새끼 자석들 속에 통장 번호나 비밀번호를 저장해 둔 것입니다. 그러므로 통장이나 신용 카드를 강한 자석과 함께 두면 통장과 신용 카드에 기록되어 있는 내용이 모두 지워져 사용할 수 없게 됩니다.

자석 보관

자석을 그대로 오래 놓아두면 자석 속에 있는 작은 새끼 자석들이 제각각의 방향을 가리키기 때문에 자석의 성질을 잃게 됩니다.

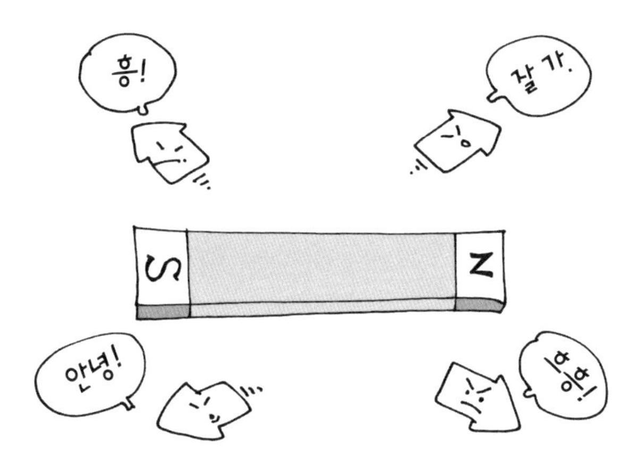

그럼 자석을 오랫동안 잘 보관하는 방법은 무엇일까요?

첫 번째 방법은 자석을 서로 다른 극끼리 마주 보게 붙여 놓는 것입니다. 그러면 두 자석 모두 오랫동안 자석의 성질을 지니게 됩니다.

하지만 자석을 같은 극끼리 마주한 채로 보관하면 자석의 성질이 더 빨리 없어집니다.

두 번째 방법은 자석의 극 부분에다 쇠붙이를 붙이는 것입니다.

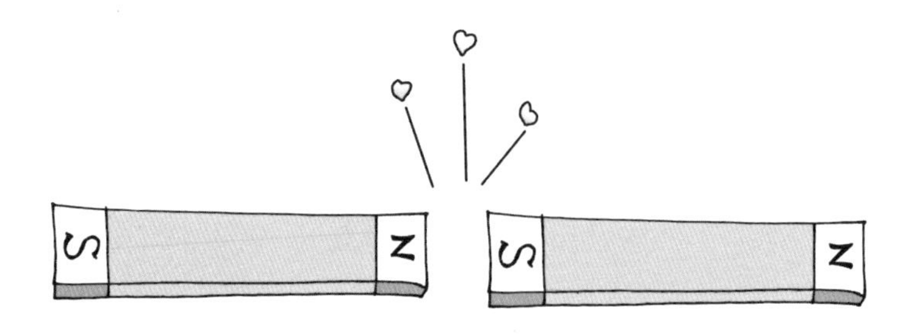

이렇게 하면 쇠붙이 속의 새끼 자석들이 계속 같은 방향을 가리키게 되어 훨씬 오랫동안 자석의 성질을 가지게 됩니다.

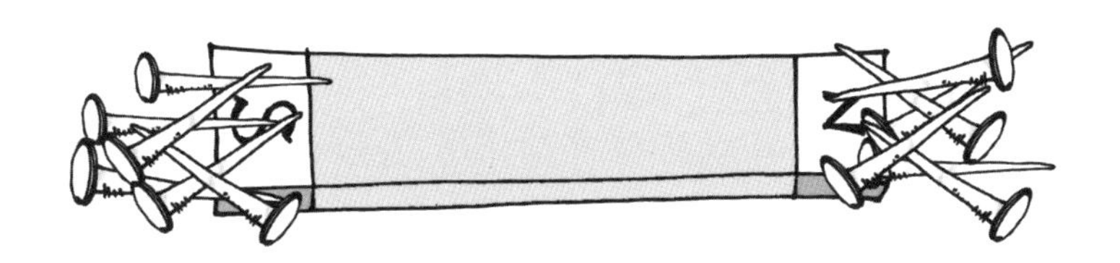

세 번째 방법은 자석을 냉장고와 같이 차가운 곳에 놓아 두는 것입니다. 자석은 뜨거워질수록 성질이 약해지기 때문이지요.

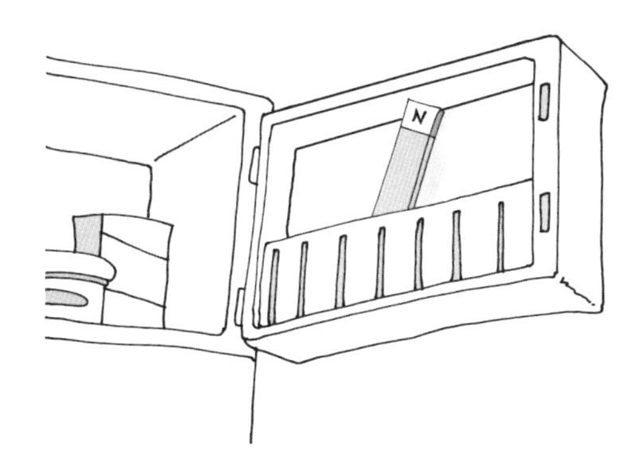

자석의 성질을 없애는 방법

반대로 자석의 성질을 없애는 방법에 대해 알아봅시다.

우선 첫 번째 방법은 자석이 열에 약한 성질을 이용하는 것입니다. 즉 자석을 뜨겁게 달구면 자석의 성질이 없어지지요.

두 번째 방법은 자석이 충격을 받으면 성질이 약해지는 것을 이용하는 것입니다. 즉, 자석을 망치로 때리면 자석의 성질이 약해집니다.

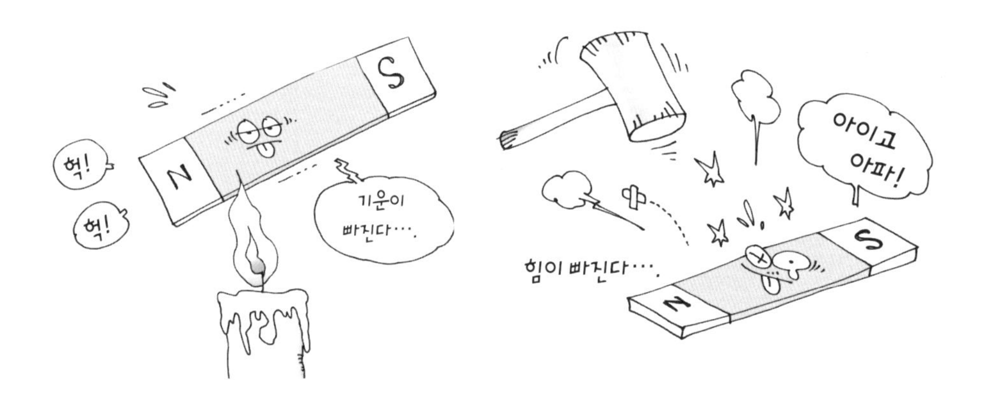

만화로 본문 읽기

아직도 숙제하니?
이제 다 했어. 참, 이거 어제 산 테이프인데 같이 들어 보자.

어라, 카세트테이프를 틀었는데 왜 아무 소리도 안 나지?
그건 카세트테이프 안에 있는 녹음된 소리가 지워졌기 때문이에요.

제가 지우지 않았는데 왜 그런 거죠?
녹음테이프는 자석을 이용해 소리를 저장하는 장치예요. 테이프 속에 들어 있는 작은 새끼 자석의 방향을 바꾸어 녹음하는 거죠.

그런데 이렇게 녹음된 테이프 주위에 강한 자석을 놓아두면 테이프 속의 새끼 자석들이 모두 같은 방향을 가리켜 소리가 지워지지요.
이런, 옆에 자석을 놔둔 게 문제였네요.
펑
펑
펑
펑
펑
펑

앞으로는 녹음테이프 옆에는 자석을 놓지 말아야겠어요.
통장이나 신용 카드에 붙어 있는 검은 띠도 새끼 자석들 속에 정보를 저장해 둔 거예요.
너네은행

그래서 강한 자석과 함께 두면 검은 띠에 기록되어 있는 내용이 모두 지워져 사용할 수 없게 되지요.
이제부턴 자석 보관에도 신경 써야겠어요.

여 덟 번 째 수 업

나침반

지구는 거대한 자석입니다.
나침반을 사용하여 북쪽을 찾을 수 있는 원리는 무엇일까요?

8

여덟 번째 수업

나침반

교과연계		
교.	초등 과학 3-1	2. 자석의 성질
과.	초등 과학 6-1	7. 전자석
연.	고등 물리 I	2. 전기와 자기
계.	고등 물리 II	3. 전기장과 자기장

길버트가 나침반을 가지고 들어와
여덟 번째 수업을 시작했다.

옛날 사람들은 어떻게 바다를 항해했을까요?

여러 번 배를 항해한 선장은 바람이 부는 방향이나 별들의 위치를 통해 방향을 알아내 무사히 목적지까지 갈 수 있었습니다. 그러나 이 방법으로는 그들이 자주 가 보았던 바다만을 안전하게 항해할 수 있었지요.

그러나 10세기경 중국 사람들은 자석을 사용하여 새로운 곳을 찾아다닐 수 있었습니다. 이것이 바로 최초의 나침반입니다. 이것은 아라비아 상인들을 통해 유럽으로 전해졌고, 콜럼버스는 나침반을 사용하여 미국 대륙을 처음으로 발견했습니다.

지구 속에는 거대한 자석이 있습니다. 지구 깊은 곳은 철이나 니켈로 이루어져 있는데, 이들이 바로 자석의 재료이기 때문이죠. 지구 속에 있는 거대한 자석은 남극 방향이 N극이

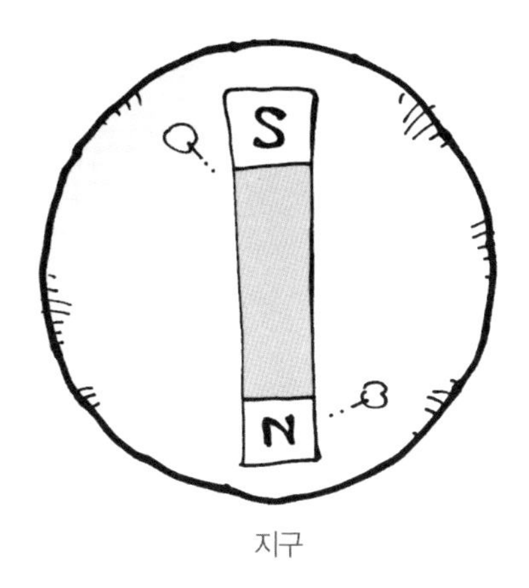

지구

고, 북극 방향이 S극입니다.

그러므로 회전할 수 있는 자석을 가지고 다니면 항상 북쪽 방향을 찾을 수 있지요. 지구 속에 있는 거대한 자석의 S극이 이 자석의 N극을 잡아당기기 때문입니다.

이렇게 회전하는 자석을 사용하여 북쪽을 찾을 수 있는 기구가 나침반입니다.

나침반의 N극이 지구 속에 있는 거대한 자석의 S극을 향하므로 항상 북쪽 방향을 가리킨다.

지구 속에 들어 있는 자석은 지구의 북극과 남극을 이은 선분과 일치하지 않고 약간 기울어져 있지요. 즉, 지구 속 자석

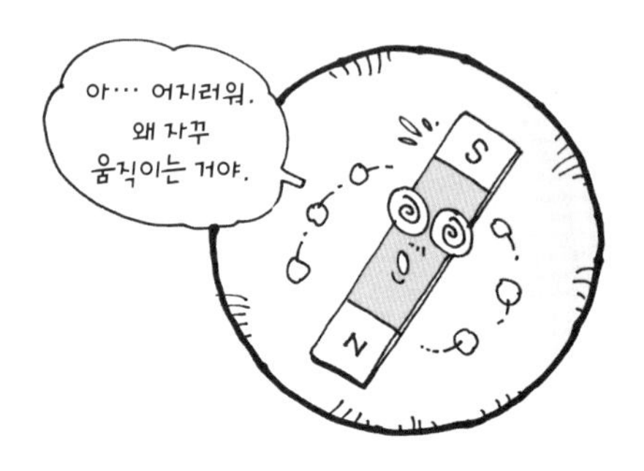

의 S극 위치는 북극점에서 약간 벗어난 지점이에요. 또한 지구 속 자석은 가만히 있지 않고 계속 회전하고 있어요. 그래서 지구가 태어난 이후로 300번 정도 자석의 S극 방향이 바뀌었지요.

지구 속 자석의 발견

지구가 하나의 거대한 자석이라는 것을 처음 알아낸 사람은 영국의 의사였던 길버트, 바로 나였습니다. 나는 회전할 수 있는 자석의 어느 한 극이 가리키는 방향이 항상 북쪽임을 알아냈지요. 그래서 나는 그 하나를 N극이라고 불렀어요. N극은 S극을 좋아하니까 지구의 북쪽에는 S극이 묻혀 있다는 것을 알아낸 거죠.

모든 행성 속에는 거대한 자석이 들어 있어요. 그런데 목성 속에 들어 있는 자석은 남쪽이 S극이고, 북쪽이 N극인 자석이에요. 그러니까 나침반의 S극은 목성 속 자석의 N극 방향인 북쪽 방향을 가리키게 되지요.

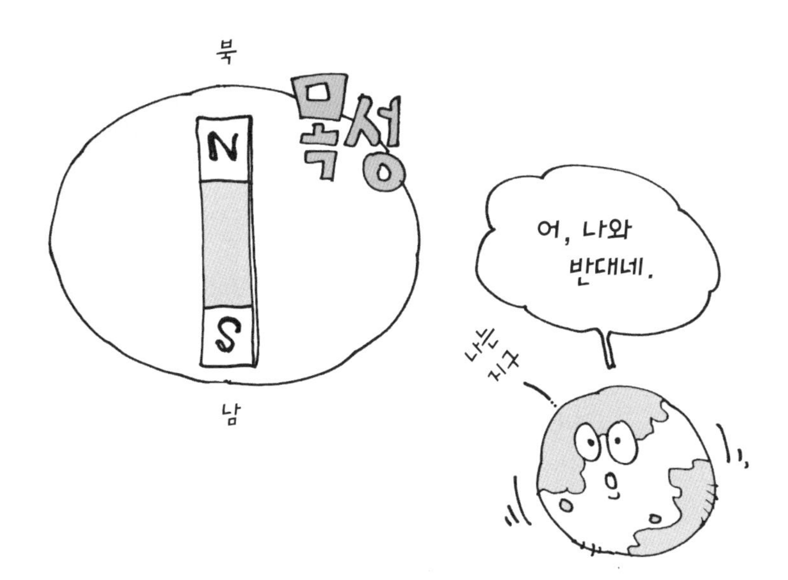

그러니까 목성에서 나침반을 사용할 때는 N과 S를 바꿔 써 놓는 것이 좋아요. 그렇지 않으면 남쪽으로 가려다가 북쪽으로 갈 수도 있으니까요.

나침반 만들기

이번에는 함께 나침반을 만들어 보겠습니다. 다음과 같은 재료를 준비하세요.

재료 : 자석, 바늘, 접시, 접착 테이프, 코르크

이제 이 재료로 어떻게 자석을 만들까요? 다음과 같은 순

서로 만들면 됩니다.

먼저 자석의 S극으로 바늘을 10번 정도 문지릅니다. 이때 같은 방향으로 문질러야 합니다.

자석으로 문지른 바늘을 코르크 위에 셀로판테이프로 고정합니다.

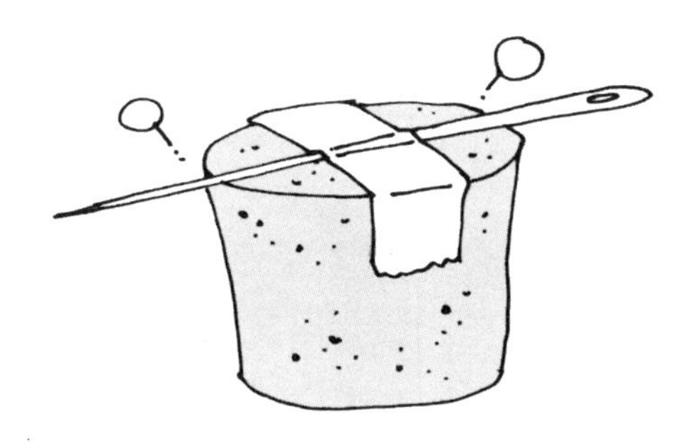

그다음 접시에 물을 붓고 코르크를 띄웁니다.

이때 바늘 끝이 가리키는 방향이 북쪽이 되도록 동서남북을 표시합니다.

나침반이 간단하게 만들어졌죠?

만화로 본문 읽기

왜 그렇게 우왕좌왕하고 있나요?
방향을 알고 싶은데 당장 나침반이 없어서 알 수가 없어요.

걱정하지 마세요. 간단하게 나침반을 만들 수가 있어요.
정말이요? 무엇으로 만들죠?

우선 재료는 자석, 바늘, 접시, 접착 테이프, 코르크, 종이를 준비해야 해요.
다 집에 있는 물건이네요!

우선 종이를 동그랗게 오려 접시 바닥에 붙여요. 그다음에 자석의 한 극으로 바늘을 같은 방향으로 열 번 정도 문질러요.

코르크 위에 바늘을 셀로판테이프로 고정하고 접시에 물을 붓고 코르크를 띄우면 되지요.
우아, 바늘이 일정한 방향을 가리키네요.

이때 바늘 끝이 가리키는 방향이 북쪽이 되도록 종이에 동서남북을 표시해 주면 끝이지요.
이렇게 간단히 나침반을 만들 수 있다니 참 신기해요.

마 지 막 수 업

자석과 생물

동물과 식물은 자석의 영향을 받을까요?
자석과 생물의 관계를 알아봅시다.

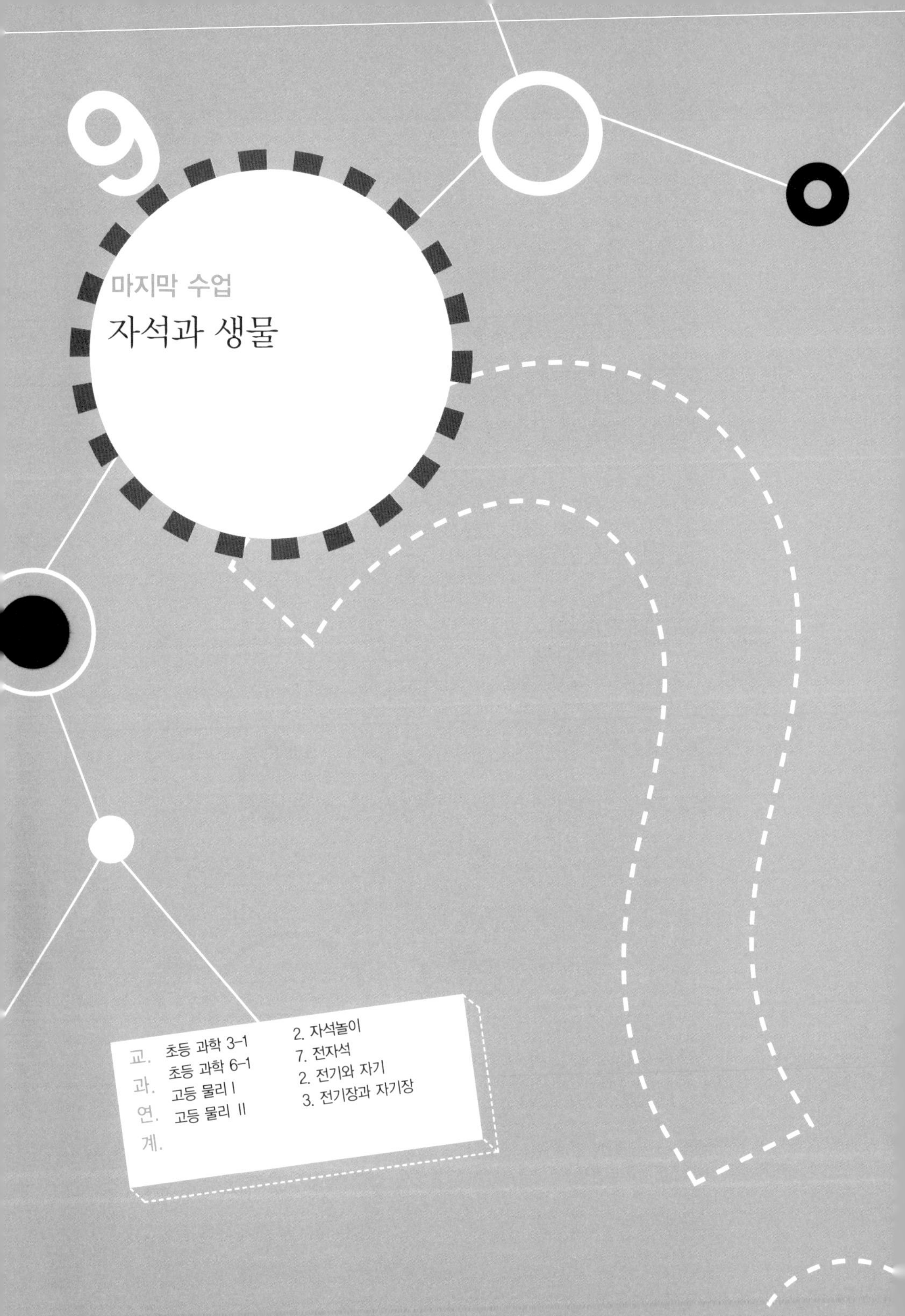
9
마지막 수업
자석과 생물
교. 과. 연. 계.
초등 과학 3-1 2. 자석놀이
초등 과학 6-1 7. 전자석
고등 물리 I 2. 전기와 자기
고등 물리 II 3. 전기장과 자기장

길버트가 아쉬운
마음을 숨기며 못내 밝은 표정으로
마지막 수업을 시작했다.

오늘은 동물 및 식물과 자석의 관계에 대해 알아보겠습니다.

지구가 가장 큰 자석이라면 세상에서 가장 작은 자석은 뭘까요?

1975년 미국의 과학자들은 박테리아의 몸속에 작은 자석이 들어 있다는 것을 알아냈습니다. 박테리아는 아주 작은 생물이니까 이 자석이 바로 세상에서 가장 작은 자석인 것입니다.

과학자의 비밀노트

박테리아(bacteria)

세균의 영어 이름으로, 하등한 생물체로서 일반적으로 단세포로 이루어져서 활동하는 미생물을 두루 일컫는 말이다. 박테리아는 흙이나 물속과 같이 외부 환경에서도 살지만, 동물의 위나 장과 같이 다른 생물에서 살기도 한다. 대부분의 병원성 균은 박테리아이며, 크기는 0.5㎛부터 0.5mm까지 다양하다.

과학자들은 1970년대에 박테리아의 내부에서 자기 나침반을 제공하는 현상을 발견했다. 이러한 박테리아를 주자기성 박테리아라고 하는데, 이 박테리아에는 마그네토솜(magnetosome)이라고 불리는 자기 크리스털 체인이 있다. 이들은 지구의 모든 곳에 존재하며 호수와 웅덩이 침전물, 해양의 해변 지역에서 살고 있다.

좀 더 큰 동물 중에 자석을 몸에 가지고 있는 동물은 무엇이 있을까요?

바로 철새들입니다. 철새들은 어떻게 북쪽이나 남쪽을 찾아갈까요? 철새들이 나침반을 가지고 있는 것도 아닌데 말입

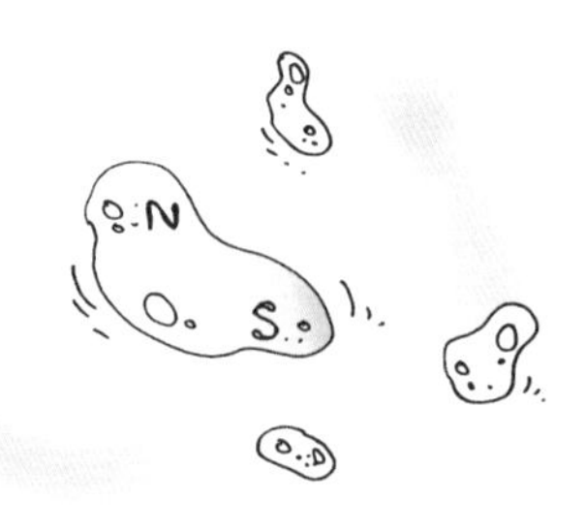

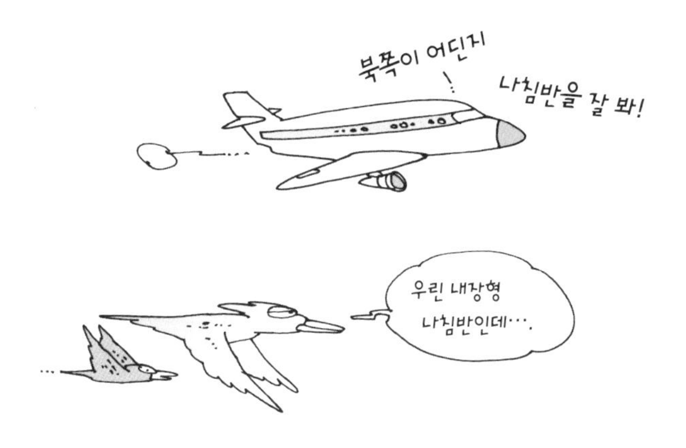

니다. 이것은 철새들의 뇌 속에 작은 자석이 들어 있어 그것이 나침반의 구실을 하고 있기 때문입니다. 철새들은 이 나침반을 이용하여 북쪽이나 남쪽 방향을 찾아갈 수 있습니다.

그래서 철새의 머리에 강한 자석을 붙이면 철새는 길을 잃게 됩니다. 과학자들은 이 방법으로 철새의 뇌 속에 자석이 있다는 것을 알아냈답니다.

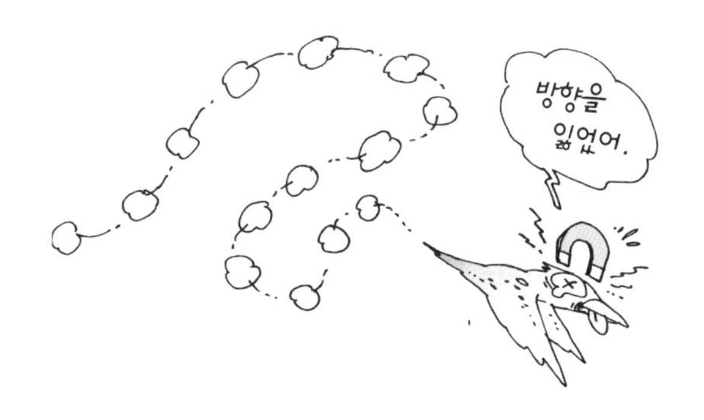

식물과 자석

그렇다면 식물은 자석의 영향을 받을까요?

1960년대에 러시아의 과학자들은 땅속에 강한 자석을 묻고, 그 양면에 옥수수와 강낭콩의 씨앗을 심었습니다. 그 결과 놀랍게도 근처에 자석을 묻어 두지 않았던 다른 씨앗보다 줄기가 더 빨리 자란다는 것을 알아냈습니다. 이때 강한 자석을 사용할수록 식물이 더 빨리 자란다는 사실도 알아냈지요. 이것은 자석이 식물이 자라는 데 영향을 주었다는 것을 뜻하지요.

하지만 자석이 식물이 자라는 데 좋은 영향을 주기만 하는

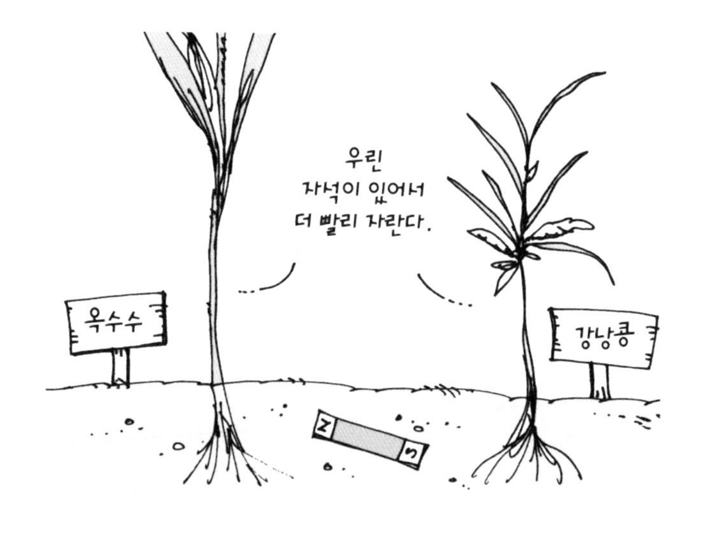

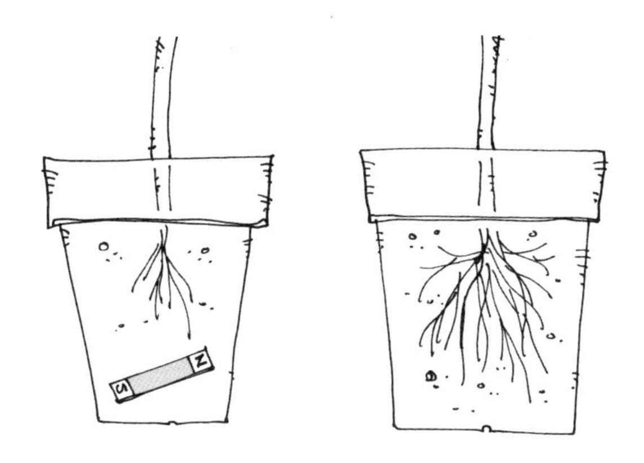

것은 아닙니다.

1969년에 과학자들은 화분 속에 자석을 오랫동안 넣어 둔 식물의 뿌리가 그렇지 않은 뿌리에 비해 잘 자라지 않는다는 것을 알아냈습니다.

그러므로 자석의 힘이 식물에 좋은 영향을 미치는지 또는 나쁜 영향을 미치는지에 대해서는 아직까지 확실하지 않습니다.

자석을 사용한 치료

그렇다면 자석을 사용하여 사람의 몸을 치료할 수도 있을까요?

1780년 독일의 의사인 메스머(Friedrich Anton Mesmer, 1734~1815)는 자석을 사용하여 사람의 병을 치료하는 방법을 알아냈습니다. 그는 강한 자석에 쇠붙이가 달라붙은 모습을 환자들에게 보여 주며, 이런 강한 힘이 환자들의 몸에 전해지면 병이 나을 수 있다는 최면을 걸었습니다. 하지만 메스머의 치료법은 과학적인 방법은 아니었습니다

요즈음 병원에서는 아주 강한 자석을 사용합니다. MRI(자기 공명 영상법) 장치는 아주 강한 자석 통 속에 사람이 들어가 사람의 몸속을 촬영하여 어느 곳에 병이 있는지를 알아내지요.

어떻게 자석을 사용하여 사람의 몸속을 촬영할까요?

사람의 몸은 세포로 이루어져 있습니다. 그 세포 속에는 작은 자석들이 들어 있답니다. 그런데 바깥쪽 원통에 있는 강한 자석이 세포 속의 작은 자석들을 떨리게 합니다. 이때 외부에서 같은 빠르기로 떨리는 빛을 몸에 쪼이면 작은 자석들의 떨림이 커져 대부분의 빛에너지를 흡수하게 됩니다. 즉, 빛을 흡수한 부분과 그렇지 않은 부분이 구별되어 나타나면서 몸속의 세포 모습을 촬영할 수 있는 것입니다.

과학자의 비밀노트

메스머(Friedrich Anton Mesmer, 1734~1815)

독일의 의사로, 천체에 관심이 많아 〈인체에 미치는 천체의 영향에 관하여〉라는 논문으로 스위스 빈 대학을 졸업한 후 병원을 개업하였다. 1774년 빈을 방문한 영국 천문학자 헬이 위경련을 자석으로 치료한 것에 흥미를 느껴, 1775년 《동물 자기론》을 발표하여 메스머리즘(최면술)을 시행하였다. 이 치료법의 핵심은 동물 자기라는 것으로, 이것에 의해서 모든 병을 치료할 수 있다고 생각하였다. 이런 생각은 의학회의 인정을 받지 못하였으나, 일반인으로부터는 찬동을 얻어 주목을 끌었다.

부 록

문어 로봇의 자석 나라 여행

이 글은 저자가 창작한 과학 동화입니다.

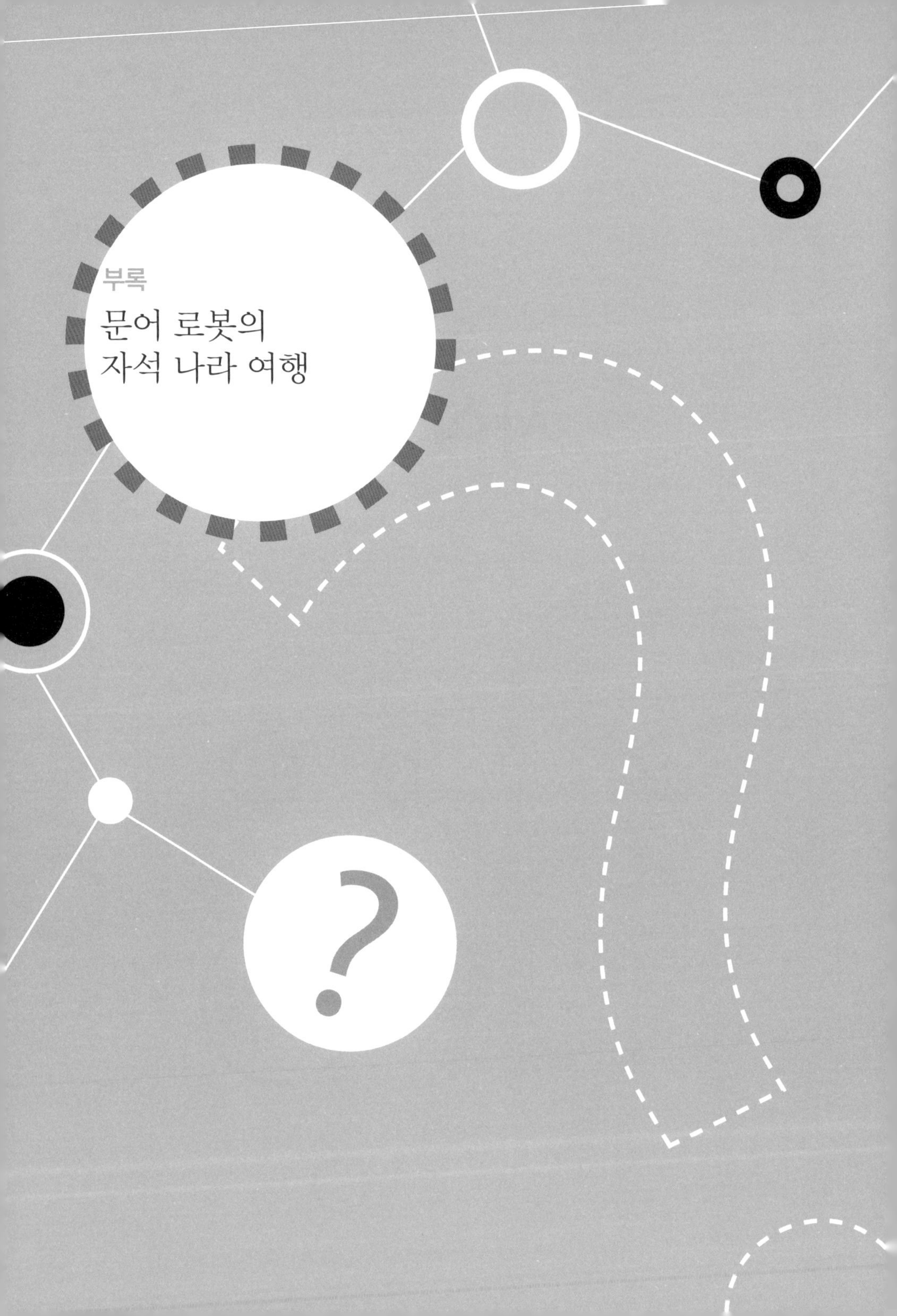

부록

문어 로봇의 자석 나라 여행

내 이름은 문어 로봇입니다.

나를 만드신 분은 길베르트 박사님입니다. 박사님은 문어 요리를 가장 좋아하시지요. 박사님이 왜 문어 요리를 좋아하시냐고요? 박사님은 문어처럼 대머리이시거든요.

나는 박사님이 만든 만능 로봇이랍니다. 박사님이 문어를 좋아하시는 탓에 내 모습이 문어처럼 생겼지만, 나는 전혀 헤엄을 칠 줄 모른답니다.

하지만 나는 많은 기능을 가지고 있어요. 지금부터 이 기능을 어떻게 좋은 일에 사용하는지 지켜봐 주세요.

어느 날 길베르트 박사님이 나를 불렀습니다.

"문어 로봇, 출동 준비해!"

"어디로 가는 거죠?"

"자석 나라에서 도움을 청해 왔어. 네가 가서 문제를 좀 해결해 줘야겠어."

"알겠습니다."

나는 자신있게 대답했습니다. 박사님은 나의 머리 뚜껑을 열고 자석 나라의 지도가 담긴 칩을 설치했습니다. 입력된 지도를 찾아가는 자동 비행 기능이지요.

나는 8개의 다리를 위로 올렸습니다. 요란한 소리와 함께 내 다리들이 빠르게 돌기 시작했습니다. 프로펠러로 변신한 것이죠.

이렇게 하여 나는 하늘로 떠올랐습니다. 어떻게 떠올랐느냐고요? 그건 간단해요. 프로펠러로 위쪽의 공기를 밀어냈거든요. 그러니까 위쪽 공기가 희박해지겠죠. 그러면 아래쪽 공기가 위로 미는 힘이 위쪽 공기가 아래로 미는 힘보다 크기 때문에 나는 위로 힘을 받지요. 그 힘 때문에 나는 위로 올라갈 수 있었던 거예요.

"정말 멋진 하늘이야."

나는 하늘을 날아가면서 즐거워했습니다. 그때 기러기 한 마리가 내 옆을 날아가고 있었습니다.

"이야, 하늘을 나는 문어는 처음 봐."

기러기가 놀란 표정으로 나를 바라보았습니다.

"난 문어 로봇이야. 그런데 넌 어딜 가는 거니?"

나는 기러기에게 물었습니다.

"이곳은 너무 추워. 따뜻한 남쪽 나라에 가서 겨울을 보내다가 봄이 되면 다시 고향으로 돌아갈 거야."

"아하! 너희들이 철마다 사는 곳을 옮겨 다니는 철새구나."

"맞아. 사람들은 그렇게 부르지."

기러기가 대답했습니다.

"그런데 궁금한 게 있어."

"뭐지?"

"어떻게 너희들은 먼 곳을 찾아갈 수 있는 거니? 너희들도 나처럼 머릿속에 지도가 설치되어 있는 거니?"

"지도? 우리는 그런 거 몰라. 다만 우리 머릿속에는 자석이 들어 있어서 남쪽이나 북쪽을 찾을 수 있어."

"어떻게?"

나는 잘 이해가 되지 않았습니다.

"우리가 사는 지구 속에는 아주 커다란 자석이 있어. 지구의 북극 쪽은 S극, 남극 쪽은 N극이지. 그런데 자석은 서로 같은 극끼리는 밀어내고 다른 극끼리는 달라붙지. 우리 머릿속에 있는 자석의 N극은 지구 속 자석의 S극이 잡아당기니까 항상 북쪽 방향을 가리키거든. 나는 그것을 이용하여 북쪽과 남쪽 방향을 쉽게 찾을 수 있어."

기러기는 친절하게 설명해 주었습니다.

기러기와 헤어져 나는 다시 혼자가 되었습니다. 나는 어디로 가야 할지에 대해 생각할 필요가 없었습니다. 왜냐하면 자동 비행 모드로 되어 있어 내장된 위치에 도착하게 되어 있었으니까요.

"아~, 졸려."

졸음이 밀려왔습니다. 나는 다리 프로펠러를 자동으로 돌게 하고 잠시 눈을 붙였습니다.

그러다가 갑자기 몸이 심하게 흔들려 잠에서 깼습니다.

"회오리바람이다."

나는 회오리바람에 실려 하늘 높이 날아 올랐습니다.

잠시 후 정신을 차렸을 때 나는 이상한 세상에 와 있다는 사실을 알았습니다.

"여기가 어디지?"

나는 주위를 두리번거렸습니다. 그곳은 신비스러워 보이는 작은 마을이었습니다. 나는 마을을 이리저리 돌아다녔습니다.

하지만 아무도 보이지 않았습니다.

잠시 후 나는 이상하게 생긴 사람을 만났습니다. 그 사람은 얼굴이 동그랗고 머리카락은 없으며, 앞에는 빨간색을 띠고 있고 뒤에는 파란색을 띠고 있었습니다.

"당신은 누구죠?"

나는 물었습니다.

"나는 마그몬이에요. 자석 인간이지요."

마그몬이 대답했습니다.

"자석 인간? 그게 뭐죠?"

"우리의 얼굴은 자석이에요. 나는 얼굴이 N극을 띠고, 뒤통수는 S극을 띠고 있지요. 이렇게 생긴 사람은 모두 남자들이랍니다."

마그몬이 설명했습니다.

"여자들은 어떻게 생겼나요?"

나는 궁금해서 물었습니다.

"저기 나의 여자 친구인 마기아가 오는군요. 어? 내 얼굴이 마기아의 얼굴 쪽으로 끌려가고 있어요."

마그몬은 이렇게 말하면서 마기아를 향해 미끄러져서 갔습니다.

"마그몬, 왜 당신이 마기아에게 저절로 끌려가는 거죠?"

"자석들 사이의 힘 때문입니다. 내 여자 친구인 마기아는 얼굴이 S극이고, 뒤통수가 N극으로 되어 있지요. 자석의 서로 반대 극끼리는 끌어당기는 힘이 작용하지요. 그 힘 때문에 우리는 서로에게 다가가고 있는 거랍니다."

잠시 후 마그몬과 마기아는 '철커덕' 소리를 내며 얼굴끼리 달라붙었습니다.

"헉, 너무 민망해요."

나는 두 눈을 가렸습니다. 두 자석 남녀의 얼굴이 붙어 버렸기 때문이지요.

"자석 인간들은 무조건 처음 만나는 사람하고만 사랑하겠어. 정말 재미있는 사람들이야."

나는 이렇게 중얼거렸습니다.

잠시 후 나의 장난기가 발동했습니다. 나는 두 자석 인간들을 손으로 떼낸 후 두 사람의 뒤통수끼리 붙여 놓았습니다. 두 사람의 뒤통수도 서로 반대의 극을 가지고 있기 때문에 철커덕 달라붙었습니다.

그러자 사랑하는 사람의 얼굴을 볼 수 없는 두 자석 인간들은 눈물을 흘렸습니다.

"마그몬의 얼굴을 볼 수 있게 해 주세요."

마기아가 울며 사정했습니다.

나는 장난친 것을 후회했습니다. 그래서 다시 두 사람을 돌려 얼굴끼리 붙게 했습니다.

"고마워요."

마기아가 울음을 멈추었습니다.

이렇게 서로를 사랑하는 마그몬과 마기아는 자석 사이의 힘 때문에 영원히 붙어서 지내게 되었습니다.

나는 두 자석 인간과 헤어진 다음 다시 길을 떠났습니다.

"어디로 가야 하지?"

나는 이렇게 중얼거리면서 한적한 들판을 걸었습니다. 들판은 가도 가도 끝이 없어 보였습니다. 한참을 가던 나는 작은 말 한 마리를 만났습니다.

"너는 누구니?"

나는 물었습니다.

"나는 자석 말이에요. 내 몸은 자석이니까 쇠붙이들은 내게 달라붙지요."

자석 말이 말했습니다.

"내가 다리가 몹시 아픈데, 혹시 마차를 탈 수 있을까?"

"저쪽에 있는 쇠로 되어 있는 수레에 타세요. 내가 자석 나라를 여행시켜 드릴게요."

자석 말은 멀리 떨어져 있는 빈 수레를 가리켰습니다. 나는 자석 말이 시키는 대로 수레에 올라탔습니다.

"줄을 묶어야지."

내가 말했습니다. 말이 수레를 끌기 위해서는 줄로 묶어야 하기 때문이지요.

"줄은 필요 없어요."

자석 말이 웃으면서 말했습니다.

"그건 왜지?"

"당신이 타고 있는 수레는 자석에 잘 달라붙는 쇠로 만들어져 있어요. 그러니까 내가 수레에 가까이 가면 수레는 자석인 나에게 점점 가까이 오게 되지요."

자석 말은 이렇게 말하고는 내가 탄 수레 가까이 다가왔습니다. 자석 말의 말대로 수레가 자석 말을 향해 움직이기 시작했습니다.

수레가 점점 가까이 다가가자 자석 말은 뛰기 시작했습니다. 그러자 수레는 자석 말이 뛰는 방향으로 움직였습니다. 자석이 쇠붙이를 끌어당기기 때문이지요. 이렇게 수레는 자석 말을 쫓아갔습니다.

"정말 신나는 여행이야."

나는 빈 수레가 저절로 움직이는 것에 마냥 신이 났습니다.

자석 말은 한참을 달리다가 그만 돌부리에 걸려 넘어졌습니다.

"으악!"

나는 비명을 질렀습니다. 넘어진 자석 말을 향해 수레가 날아가 달라붙었기 때문이지요. 나는 수레에서 내려 수레를 자석 말에게서 떼어 내 보았지만 소용이 없었습니다. 자석 말은 너무도 센 자석이라 내 힘으로는 달라붙은 수레를 떼어 낼 수 없었으니까요.

결국 나는 자석 말과 헤어졌습니다.

한참을 가다 보니 조그만 공 모양으로 생긴 사람들이 나타났습니다. 이 사람들은 팔 다리가 없고, 오로지 공 모양의 얼굴뿐이었습니다.

공 부족은 아주 평화롭게 살고 있었습니다. 친구 공들과 서로 부딪치기도 하면서 하루 종일 데굴데굴 구르면서 행복하게 살고 있었지요.

공 부족 사람들은 나에게도 좋은 친구가 되어 주었어요. 나는 공 부족을 누두(낙지나 문어가 물이나 먹 따위를 내뿜는 깔때기 모양의 관)에 넣고 재채기를 하여 공 부족을 멀리 튀어 나가게 해 주었지요.

공 부족 사이에서 나는 인기가 좋았어요. 그래서 공 부족들이 차례로 줄을 서서 나의 누두 속에 들어가려고 앞을 다투었지요.

그러던 어느 날이었어요. 갑자기 공 부족 사람들은 어디론가 굴러가기 시작했습니다.

"어디로 가는 거지?"

나는 공 부족 사람들이 가는 곳이 궁금해졌습니다. 그래서 그들을 따라갔습니다.

멀리 커다란 뱀이 공 부족 사람을 잡아먹는 모습이 보였습니다.

"뱀이 왜 공을 먹지?"

나는 궁금해서 공 모양의 부족들을 뒤쫓아갔습니다.

"너희들은 왜 뱀을 향해서 움직이니?"

"우리는 쇠로 만들어져 있어. 저 뱀은 몸이 아주 강한 자석인 뱀이야. 그러니까 자석 뱀에게 끌려갈 수밖에 없어."

나는 공 모양의 부족 사람들이 불쌍하다는 생각이 들었습니다. 하지만 자석 뱀은 아주 강한 자석의 힘으로 주위의 공 부족 사람들을 자신의 몸에 달라붙게 했습니다.

"이러다간 공 부족 사람들이 하나도 남지 않겠어. 자석 뱀을 죽여야겠어."

나는 자석 뱀에 달라붙어 있는 불쌍한 공 부족 사람들을 구해야겠다고 결심했습니다.

나는 자석 뱀에게 다가가 소리쳤어요.

"당장 공 부족 사람들을 네 몸에서 떼어놓지 않으면 가만두지 않을 거다!"

"네 맘대로 해 봐."

자석 뱀은 코웃음을 쳤습니다.

나는 더 이상 참을 수가 없었습니다. 그래서 자석 뱀을 향해 불화살을 쏘았습니다. 내 누두에서 나온 수많은 불화살이 자석 뱀을 향해 날아갔습니다.

"앗! 뜨거."

자석 뱀은 뜨거운지 팔짝팔짝 뛰었습니다.

잠시 후 자석 뱀은 더 이상 움직이지 않았습니다. 몸이 뜨거워져서 자석의 힘을 잃었기 때문이지요.

"엄마!"

어린 공 부족이 엄마를 부르며 도망쳤습니다.

나의 활약으로 자석 뱀은 죽고, 공 부족의 마을에는 다시 평화가 왔습니다.

나는 다시 공 부족 사람과 헤어져 길을 나섰습니다.

"살려 주세요!"

어디선가 비명 소리가 들렸습니다.

나는 소리가 나는 곳으로 달려가 보았습니다. 막대자석의 양극 주위에 시커먼 벌레들이 달라붙어 있었습니다. 막대자석은 벌레들을 떨쳐 보려고 했지만 소용이 없었습니다. 오히려 막대자석이 몸부림칠수록 점점 더 많은 벌레들이 달라붙었습니다.

나는 막대자석이 불쌍하다는 생각이 들었습니다. 그래서 막대자석의 양극에 붙어 있는 벌레들을 8개의 팔로 잡아 떼어 내기 시작했습니다. 하지만 벌레들이 너무 많이 붙어 있어 쉽게 떨어지지 않았습니다. 나는 생각했습니다.

'저 벌레들은 쇳가루들이야. 그래서 자석의 양극에 많이 달라붙어 있는 거야.'

나는 막대자석의 한가운데로 가서 여덟 개의 다리로 춤을 추었습니다. 그러자 나의 춤을 보려고 양극에 달라붙어 있던 벌레들이 가운데로 몰려왔습니다.

"그래, 조금만 더 가까이 와라."

나는 벌레들을 막대 한가운데로 유인했습니다. 그리고 코로 강한 바람을 일으켰습니다. 그러자 벌레들이 모두 막대자석으로부터 떨어져 나가버렸습니다.

그제야 막대자석은 자리에서 일어났습니다.

“고마워요. 그런데 어떻게 벌레들이 쉽게 떨어진 거죠?”

막대자석이 물었습니다.

“그건 간단해요. 당신의 몸은 자석이에요. 머리 쪽은 N극이고, 다리 쪽은 S극이지요. 이렇게 자석은 2개의 서로 다른 극을 가지고 있답니다. 벌레들은 쇠붙이로 되어 있어서 당신의 몸에 달라붙어 있었던 것입니다.”

나는 벌레들이 붙어 있던 이유를 설명해 주었습니다.

“왜 양쪽 끝에 많이 있는 거죠?”

막대자석이 물었습니다.

“자석의 성질 때문이에요. 자석의 양쪽 끝이 자석의 힘이 제일 강하기 때문이지요. 그래서 나는 벌레들을 자석의 한가운데로 유인했어요. 그곳은 자석의 힘이 제일 약한 곳이어서 내가 코로 바람을 일으키니까 벌레들이 떨어져 나간 것입니다.”

나는 친절하게 설명해 주었습니다.

그리고 막대자석과 나는 함께 여행을 하게 되었습니다. 한참을 가다 보니 강물이 보였습니다.

“목이 마르니까 저곳에서 쉬었다 가죠.”

나는 막대자석에게 말했습니다. 막대자석은 목이 마르다는 것이 무슨 뜻인지 이해하지 못하는 것 같았습니다.

강가에는 못처럼 생긴 부족들이 모여 있었습니다. 그들은 모두 강물 속을 바라보고 있었습니다.

"무슨 일이 있나요?"

나는 가장 긴 못에게 물었습니다.

"꼬마 못이 물에 빠졌어요. 헤엄도 칠 줄 모르는데……."

긴 못이 말했습니다.

나는 갑자기 막대자석을 이용하여 꼬마 못을 구할 수 있다는 생각이 들었습니다. 그래서 막대자석을 손으로 잡아 물속에 넣어 보았습니다. 하지만 물이 너무 깊어 꼬마 못을 끌어당길 수가 없었습니다.

나는 잠시 고민을 하다가 못들을 자석으로 만들 수 있는 방법을 떠올렸습니다.

나는 가장 긴 못을 바닥에 눕히고, 막대자석을 들어 같은 방향으로 문질렀습니다.

"간지러워요."

긴 못이 발버둥을 쳤습니다.

"조금만 참아요. 그러면 새끼 못을 구할 수 있어요."

내 말에 긴 못은 간지럼을 참고 막대자석이 문지르는 것을 잘 견디어 냈습니다.

한참 후 나는 막대자석에 긴 못을 붙게 했습니다. 막대자석

을 사용하여 긴 못을 자석으로 만든 것이죠. 그러고는 긴 못에 다른 못들을 붙여 물속으로 들어가게 했습니다. 못들이 달라붙어 물속으로 들어갔습니다. 그리고 강바닥에 울고 있던 새끼 못이 마지막 못에 달라붙었습니다.

"새끼 못이 내 몸에 붙었어요."

마지막 못이 소리쳤습니다.

나는 막대자석에게 물의 반대쪽 방향으로 기어가라고 했습니다.

그러자 물속에 잠겨 있던 못들이 주렁주렁 매달려 물 밖으로 나왔습니다. 그리고 드디어 새끼 못이 물 밖으로 모습을 드러냈습니다.

"새끼 못이 살았어."

못들이 소리쳤습니다.

못들은 나와 막대자석에게 고마워하며 파티를 베풀어 주었습니다.

못들은 머리를 흔들며 신나는 춤을 추었습니다. 막대자석의 양 끝에도 못들이 달라붙어 신나는 춤을 추었습니다.

파티는 점점 무르익어 갔습니다. 그때 나는 못들을 공중에 띄워 춤을 추게 하고 싶었습니다. 그래서 나는 바닥에 줄을 묶고 줄의 끝에 못을 묶었습니다. 그러고는 막대자석을 안고 위로 날아올랐습니다.

그러자 줄에 묶인 못을 막대자석이 끌어당겨 못은 줄에 매달려 위로 치솟았습니다. 막대자석이 못 주위에서 왔다 갔다 하자 못은 자석이 있는 곳으로 몸을 움직여 공중에서 신나게 춤을 췄습니다. 다른 모든 못들이 못이 공중에서 춤을 추는 모습을 보고 신이 났습니다. 나는 못들과 밤새도록 즐거운 파티를 벌였습니다.

다음 날 못들, 막대자석과 헤어진 나는 자석 나라에서의 임무를 모두 마치고 집으로 돌아왔습니다. 나는 자석 나라에서 벌어졌던 신기한 일들을 길베르트 박사님에게 자세하게 이야기해 주었습니다.

과학자 소개

자기학의 아버지 길버트William Gilbert, 1544~1603

영국의 의사이자 물리학자이며 자석 실험으로도 유명한 길버트는 14세에 케임브리지의 세인트 존 학교에 입학하였으며, 25세에는 의학 박사 학위를 받았습니다. 1599년에는 왕립 의학 대학의 총장이 되었고, 그 다음 해에는 여왕 엘리자베스 1세의 주치의로 활동하였습니다.

하지만 길버트가 유명한 것은 의사로서의 활약 때문이 아니라 물리학자로서의 연구 덕분입니다. 길버트는 그때까지 확실히 구별되지 않았던 전기와 자기의 현상을 구별하였고, 지구가 하나의 거대한 자석이라는 것을 발표했습니다.

그 시대의 자연 과학자들은 경험이나 현상을 바탕으로 설명하였지만, 16세기 말이 되자 의사나 기술자들에 의해 실험을 중심으로 하는 연구가 시작되었습니다. 길버트도 의사로 일하면서 자석의 표본이나 실험 기구를 사용해 수십 년에 걸쳐 자석과 전기에 관한 여러 가지 실험을 실시한 학자로서 명성을 얻었습니다.

길버트는 1600년 《자석에 관해서》라는 책에서 자석에 관한 지식을 정리하여 발표하였습니다. 여기서 지구 자체가 하나의 자석이라는 사실을 밝혔습니다. 길버트가 쓴 이 책은 나중에 갈릴레이와 케플러, 데카르트 등 많은 과학자들에게 큰 영향을 주었습니다.

과학 연대표

언제, 무슨 일이?

과학사		세계사
		조선, 단종의 능인 '장릉' 조성
노먼 나침반의 성질 연구	1581	중국, 산둥 반도에 지진 발생하여 350만 명 사상
길버트 《자석에 대하여》 출간	1600	이탈리아, 갈릴레이가 망원경으로 최초로 천체 관측
케플러 케플러의 법칙 발견	1609	미국, 통용 화폐로 달러 채택
쿨롱 쿨롱의 법칙 발견	1785	영국, 다윈이 탄 비글 호가 갈라파고스 제도에 도착
가우스 지구의 자기장 측정	1835	

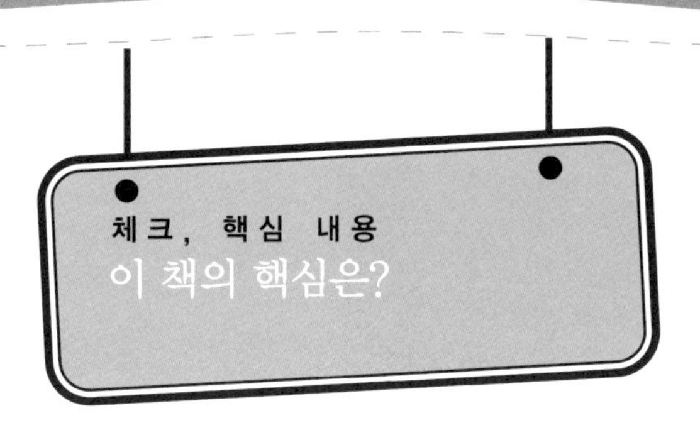

1. 쇠붙이(철)는 □□ 에 달라붙습니다.
2. 자석과 쇠붙이 사이의 거리가 □□□ 수록 자석이 쇠붙이를 당기는 힘이 셉니다.
3. 자석과 쇠붙이 사이에 다른 □□□ 를 넣으면 자석의 힘이 전달되지 않습니다.
4. 자석은 □□ 극끼리는 서로 밀어내고, □□ 극끼리는 서로 당깁니다.
5. 자석의 N극을 쪼갰을 때 쪼개진 조각에서도 □ 개의 극이 생깁니다.
6. 자석을 □□ 극끼리 마주한 채 보관하면 자석의 성질이 더 빨리 없어집니다.
7. 나침반의 N극은 지구 속에 있는 거대한 자석의 S극을 향하므로 항상 □□ 방향을 가리킵니다.
8. 철새들의 뇌 속에는 작은 자석이 들어 있어 그것이 □□□ 의 기능을 합니다.

1. 자석 2. 가까울 3. 쇠붙이 4. 같은, 다른 5. 2 6. 같은 7. 북쪽 8. 나침반

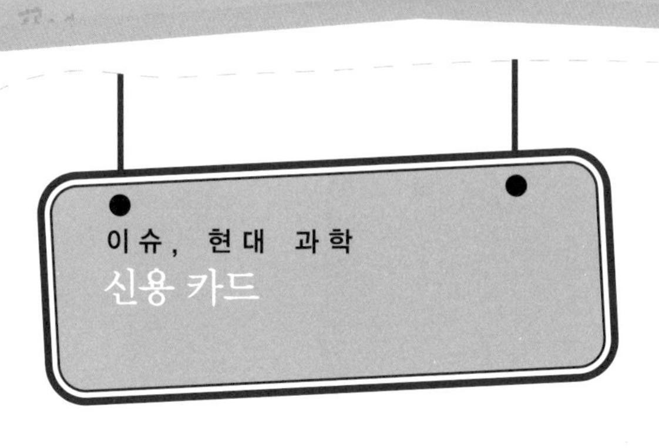

일상생활에서 현금 대신 사용하는 신용 카드의 원리는 무엇일까요? 신용 카드의 뒷부분을 보면 검은색 띠가 있는데 이것을 자기 테이프라고 부릅니다. 신용 카드에 관한 모든 정보는 이 자기 테이프 속에 저장되어 있지요.

자기 테이프는 자석을 움직이면 전류가 흐르고, 반대로 전류의 방향을 바꾸어 주면 자기장의 변화가 생기는 전자기 유도 현상을 이용한 것입니다. 자기 테이프에는 자화되기 쉬운 산화철이 사용됩니다. 여기에 전기적 신호를 주면 전자기 유도 현상에 의해 테이프 속의 산화철이 일정한 자기장을 만듭니다.

자기 테이프를 판독기에 넣으면 자기 테이프의 자기장이 유도 전류를 만들게 됩니다. 전류 신호는 판독기 속으로 흘러들어 가, 2진법의 특정한 코드로 바뀌어 신용 카드에 저장

되어 있는 정보를 읽습니다.

카세트테이프나 컴퓨터의 하드 디스크도 같은 원리를 이용합니다. 노래를 녹음하거나 데이터를 저장할 때 탄소 막대에 감겨 있는 헤드에 전류가 흐르면 전자기 유도 현상에 의해 자기장이 발생해 테이프나 디스크의 자성 물질이 특정한 방향으로 자화됩니다. 이렇게 자화된 부분이 헤드 부분을 지나면 반대로 자기장의 변화가 유도 전류를 일으키지요. 그 전류 신호를 노래나 영상과 같은 신호로 바꾸어 우리에게 보여 주게 되지요.

자기 테이프는 자화된 상태이므로 주위에 강한 자석이 있으면 저장되어 있던 정보가 모두 지워질 수 있습니다. 또한 오래 사용하다 보면 마찰에 의해 검은색 테이프가 닳아 판독기에서 판독할 수 없게 되기도 합니다.

이렇듯 조심스럽게 취급해야 하는 자기 테이프는 전화 카드, 현금 카드, 신용 카드 등에 널리 이용되고 있습니다.

찾아보기

어디에 어떤 내용이?